U0206718

深圳职业技术学院青年创新科研项目（批准号：601722S23016）
教育部人文社会科学研究青年基金项目（批准号：18XJC790012）
中国博士后科学基金特别资助项目（批准号：2018T111086）
中国博士后科学基金面上资助项目（批准号：2017M613180）
广东省高等职业教育品牌专业建设项目（二类）：市场营销
深圳职业技术学院世界一流重点建设专业群（物流管理）项目

资源禀赋约束下
碳强度减排目标实现机制研究

孙耀华 著

中国社会科学出版社

图书在版编目（CIP）数据

资源禀赋约束下碳强度减排目标实现机制研究/孙耀华著. —北京：中国社会科学出版社，2020. 7
ISBN 978 - 7 - 5203 - 6735 - 6

Ⅰ. ①资… Ⅱ. ①孙… Ⅲ. ①二氧化碳—减量化—排气—环境目标—研究—中国 Ⅳ. ①X511

中国版本图书馆 CIP 数据核字(2020)第 120774 号

出 版 人 赵剑英
责任编辑 谢欣露
责任校对 周晓东
责任印制 王 超

出 版 中国社会科学出版社
社 址 北京鼓楼西大街甲 158 号
邮 编 100720
网 址 http：//www. csspw. cn
发 行 部 010 - 84083685
门 市 部 010 - 84029450
经 销 新华书店及其他书店

印 刷 北京明恒达印务有限公司
装 订 廊坊市广阳区广增装订厂
版 次 2020 年 7 月第 1 版
印 次 2020 年 7 月第 1 次印刷

开 本 710 × 1000 1/16
印 张 11. 25
插 页 2
字 数 161 千字
定 价 68. 00 元

目　　录

第一章　绪论 ……………………………………………………… 1

第一节　研究背景 …………………………………………… 1

第二节　研究意义 …………………………………………… 6

第三节　概念的界定 ………………………………………… 8

第四节　研究内容与结构框架 ……………………………… 9

第五节　研究方法 …………………………………………… 12

第六节　可能的创新点 ……………………………………… 13

第二章　相关研究文献述评 …………………………………… 16

第一节　“资源诅咒”假说 ………………………………… 16

第二节　低碳经济理论相关研究 …………………………… 20

第三节　碳强度相关研究 …………………………………… 24

第四节　文献评述及本书的研究视角 ……………………… 28

第三章　资源禀赋影响碳强度的理论模型与分析框架 ……… 32

第一节　资源禀赋影响碳强度的理论模型 ………………… 32

第二节　资源禀赋影响碳强度的基本分析框架 …………… 35

第三节　资源禀赋通过经济增长影响碳强度的传导机制 … 37

第四节　资源禀赋通过碳排放影响碳强度的传导机制 …… 43

第五节　本章小结 …………………………………………… 48

第四章　中国省际碳强度的比较及收敛性分析 …………………… 50

第一节　碳排放的计算方法 ………………………………………… 50
第二节　中国及各省份碳排放变化趋势分析 ……………………… 52
第三节　中国及各省份碳强度的变化趋势分析 …………………… 55
第四节　空间权重矩阵的设定 ……………………………………… 60
第五节　省际碳强度的空间相关性分析 …………………………… 67
第六节　省际碳强度的收敛性特征分析 …………………………… 75
第七节　本章小结 …………………………………………………… 92

第五章　资源禀赋影响碳强度的传导机制 ………………………… 94

第一节　省际经济增长与碳排放的空间相关性分析 ……………… 94
第二节　资源禀赋通过经济增长影响碳强度的
　　　　传导机制分析 ……………………………………………… 96
第三节　资源禀赋通过碳排放影响碳强度的
　　　　传导机制分析 ……………………………………………… 113
第四节　本章小结 …………………………………………………… 128

第六章　碳强度减排目标约束下碳排放权的省际分配研究 …… 129

第一节　国际碳排放权分配方案及其公平性 ……………………… 130
第二节　碳排放权总量的计算 ……………………………………… 137
第三节　ZSG - DEA 模型及其应用 ………………………………… 138
第四节　实证结果与分析 …………………………………………… 140
第五节　ZSG - DEA 模型分配结果与其他原则下
　　　　分配结果的比较 …………………………………………… 143
第六节　减排政策工具的比较与选择 ……………………………… 148
第七节　本章小结 …………………………………………………… 152

第七章　主要结论与政策建议 ······························ 154

第一节　主要结论 ······························ 154

第二节　政策建议 ······························ 156

第三节　不足之处与研究展望 ······························ 159

附录 1　中国及各省份 1998—2016 年碳排放量 ······························ 161

附录 2　中国及各省份 1998—2016 年碳强度 ······························ 164

参考文献 ······························ 167

第一章 绪论

第一节 研究背景

以全球变暖为主要特征的气候变化因其巨大而全面的影响，成为人类有史以来面临的最大环境问题，近些年一些极端气候灾害发生的强度和频率都在增加，对全球生态环境和经济社会发展都造成极大的破坏。关于气候变化的原因，科学界尚在积极探索之中，目前比较主流的观点和依据来自政府间气候变化专门委员会（Intergovernmental Panel on Climate Change，IPCC）发布的一系列报告，其核心观点是，人类消费化石能源向大气中排放大量二氧化碳（CO_2）引发温室效应，导致全球气候变化。一旦大多数国家认同了人类活动直接导致气候变暖的观点并准备采取行动，气候问题就超出了单纯的科学范畴而成为一个全球性的政治问题，各国目前都必须应对关于气候谈判问题带来的政治和经济冲击。[①] 改革开放以来，中国经济高速增长导致能源消费量和碳排放快速上升，使中国在全球气候谈判与低碳经济浪潮中面临巨大的舆论压力。从国内角度看，中国经济在经历40余年的高速增长后，以投资和出口为主要拉动力的粗放型、外向型经济增长模式的弊端和危害日益凸显，经济社会发

---

① 国务院发展研究中心课题组：《全球温室气体减排：理论框架和解决方案》，《经济研究》2009年第3期。

展与资源环境之间的突出矛盾及国家经济安全、能源安全领域存在的隐患，成为制约当前经济社会发展的重要因素。因此，实施节能减排不仅是出于履行国际义务与构建和谐对外关系的需要，也是实现国内经济社会健康、协调、可持续发展的必由之路。中国政府向国际社会承诺，到2020年、2030年实现碳强度相对于2005年分别下降40%—45%、60%—65%，并提出在“十三五”期间实现碳强度下降18%的阶段性减排目标。碳强度即单位GDP排放的碳量，作为包含能源结构、技术水平和产业结构等因素的综合性指标，其不仅是碳排放效率和节能减排绩效最简单、最直观的度量指标，而且在一定程度上代表了边际减排成本和减排潜力，[①] 对未来中国碳排放总量和区域碳排放格局的变化有重要影响。因此本书认为，未来中央政府在制定减排方案及分配省际减排任务时，碳强度的高低将是重要的参考依据，这也是本书选择碳强度作为研究对象的主要原因。

一　国际背景

（一）气候变化与全球气候谈判困境

围绕减少碳排放、减缓和适应全球气候变化，各国学者及政府官员进行了多次深入的研究与商讨，其中影响最大的是2009年12月在丹麦首都哥本哈根召开的全球气候大会。在这次会议上来自192个国家的谈判代表就《京都议定书》一期承诺到期后的后续方案，即2012—2020年的全球减排协议进行商讨。哥本哈根气候大会及后续的几次全球气候谈判进一步明确了减少碳排放对于缓解全球气候变化的重要性和紧迫性，提高了国际社会和各国人民保护气候资源的积极性，一时间“低碳”成为绿色、环保和可持续发展的代名词。然而，由于各国政治、经济及环境利益的不同，迄今为止各国仍未就减少碳排放达成具有法律约束效力的协议，这表明在保护

① 魏楚：《中国城市 CO_2 边际减排成本及其影响因素》，《世界经济》2014年第7期。

全球气候资源和减少碳排放问题上各国依旧任重而道远。

现阶段全球气候谈判的重点是制定国际社会公认的公平且兼具可操作性的减排方案，而减排份额的分配是所有减排方案的核心内容①。《联合国气候变化框架公约》和《京都议定书》确定的“共同但有区别的责任”原则，对推进全球气候谈判发挥了巨大作用，但其也因缺乏坚实的理论基础和明确的核心原则而为国际社会所诟病。首先，各国减排份额的确定是基于多国间政治博弈、讨价还价的结果，缺乏明确且具有说服力的伦理学基础。其次，不同国家基于各自国家利益和文化背景可以对这一原则有不同的解读。发达国家强调“共同的责任”原则，认为当前发展中国家碳排放快速增长，对未来气候变化负主要责任，因此，应将发展中国家纳入强制、量化减排国家之列，并提出人均排放相等的减排方案。而发展中国家基于历史责任、减排能力和未来发展需要强调“有区别的责任”原则，认为发达国家作为全球气候变化的主要贡献者，不仅要在其国内承担更多的减排责任，而且应为发展中国家在节能减排领域提供资金和技术援助。由此形成“未来责任”“人均排放相等”和“历史责任”“人均累积排放相等”两种国际气候治理原则和政策主张，双方各执一词，导致全球气候谈判陷入困境。②

据国际能源署（International Energy Agency，IEA）报告，2018年中国二氧化碳排放达95亿吨，占全球排放总量的28.7%，③ 使中国面临来自国际社会的较大舆论压力，并对中国的国际形象和对外经贸关系产生不良影响。

---

① 减排份额分配与碳排放权分配是国际气候治理问题的两个方面，在其他条件一定的情况下，两者呈现此消彼长的关系，减排份额大的国家未来碳排放权就相应较小，反之亦然。但两者在侧重点上有所不同，前者强调的是历史排放责任和减排能力，后者强调的是未来排放需求，在本书中不做严格区分。

② 孙耀华、仲伟周：《国际温室气体减排方案及其公平性研究——基于罗尔斯正义论的视角》，《资源科学》2013 年第 7 期。

③ IEA，*Global Energy & CO_2 Status Report*：*The Latest Trends in Energy and Emissions in **2018***，https：//webstore. iea. org/global – energy – co2 – status – report – 2018.

（二）全球能源危机加深

随着全球经济增长和人口数量持续上升，能源危机日益严重。第四次中东战争期间，主要石油输出国为打击以色列及其盟友而采取石油禁运措施，致使国际油价从每桶3.01美元飙升至近13美元；1978—1980年，受伊朗国内局势动荡和两伊战争的影响，石油供应再次紧张，国际油价再次飙升至每桶41美元，使全球经济陷入衰退。回顾历次主要战争，大多是由资源争端引起，而争夺石油资源成为近代战争的主要导火索之一。为应对石油危机和平抑油价，西方国家于1974年成立国际能源署，通过建立石油战略储备等方式来稳定油价和保障能源供应安全。在当前能源资源分布及经济发展模式下，能源资源在国内经济社会发展与国际交往中的重要性日益凸显。一些能源资源丰富的国家如石油输出国组织国家、俄罗斯等，利用其丰富的资源优势，提高在国际社会中的话语权，并对外出口能源资源，迅速跻身高收入国家行列。而资源匮乏的国家如中国、日本，一方面对内开源节流，在提高能源利用效率的同时发展太阳能、风能、核能等新型能源；另一方面对外纷纷开展以保障国家能源安全为核心的能源外交，能源资源在国家战略与国际交往中的重要性愈发受到重视。

二　国内背景

（一）资源禀赋“高碳”特征突出

中国人均能源资源储量低于世界平均水平，人均煤炭资源储量为世界平均水平的1/2，而人均石油和天然气资源储量仅为世界平均水平的1/15，而且分布不平衡、结构不合理的问题突出。首先，能源资源分布呈现西多东少、北多南少的格局，主要分布在内蒙古、山西、陕西、河南、新疆等省份，而中国经济重心位于珠三角、长三角、京津唐等沿海地区，能源资源分布与经济社会发展需求存在空间区位上的错位，不仅加大交通运输压力，而且在能源资源运输过程中也产生损耗和污染；其次，能源资源结构不合理，以煤炭为主，石油和天然气储量相对不足，导致中国一次能源供应的

70%都来自煤炭，远高于29%的世界平均水平，“多煤、贫油、少气”是中国能源资源禀赋的基本特征。据中国科学院可持续发展战略研究组测算，释放1标准煤热量的煤炭排放的二氧化碳量分别是石油和天然气的1.28倍和1.67倍。[①] 由此可见，“高碳”资源禀赋特征成为中国实施节能减排与可持续发展战略的先天障碍。目前，中国可再生清洁能源产业处于初始发展阶段，很多技术和产品因成本过高或体制障碍难以推广普及，短期内无法满足国民经济和社会发展对能源消费的需求，以煤为主的能源消费格局将长期存在。因此，本书基于中国能源资源禀赋的“高碳”特征视角，研究碳强度减排目标的实现机制问题，对于弱化“高碳”资源禀赋特征对实现碳强度减排目标造成的不利影响具有重要的理论与现实意义。

（二）资源环境压力加大，能源安全形势严峻

改革开放40余年，中国经济增长取得了举世瞩目的成就，国内生产总值由1978年的3679亿元（按当年价格，下同）上升到2018年的900309亿元，跃居全球第二位，创造了经济增长的“中国奇迹”[②]。然而，依靠投资和出口拉动的粗放型经济增长方式，具有典型的“高投入、高能耗、高排放”特征和不可持续性，中国在取得经济高速增长的同时，也承受来自资源环境领域的巨大压力，尤其是能源消费量和碳排放快速上升，成为制约经济社会发展的重要因素。此外，2018年中国城市化率为59.58%，距发达国家70%—80%的城市化水平还有较大差距[③]。在未来相当长的一段时期内，城市化依然是中国经济社会发展的主旋律，大规模的城市基础设施建设和房地产投资导致钢铁、水泥、电力等重工业在国民经济中的比重上升，能源消费量和碳排放上升，资源环境与经济社会发展之

---

① 中国科学院可持续发展战略研究组：《中国可持续发展战略报告2009——探索中国特色的低碳道路》，科学出版社2009年版，第69页。

② Justin Yifu Lin, Fang Cai, and Zhoi Li, *The China Miracle: Development Strategy and Economic Reform*, Hong Kong: The Chinese University Press of Hong Kong, 2003.

③ 资料来源：http://baijiahao.baidu.com/s?id=1624178161413648970&wfr=spider&for=pc。

间的矛盾进一步加剧。

截至2012年底，全国可采煤炭资源储量为1487.97亿吨，按照年产40亿吨的产能计算，可供开采37年左右；[①] 截至2017年底，全国累计探明石油资源储量389.65亿吨，剩余技术可采储量35.42亿吨，按照2017年的开采速度，可供开采18年左右；全国累计探明天然气地质储量14.22万亿立方米，剩余技术可采储量5.52万亿立方米，可供开采41年。[②] 有限的能源资源供应与经济社会发展对能源的巨大需求形成强烈对比，能源安全成为制约中国经济社会发展的重要因素。中国在1993年成为石油资源净进口国，在2006年成为天然气资源净进口国，在2009年成为煤炭资源净进口国，且进口比例持续攀升。2018年中国能源进口量达9.7亿吨标准煤，能源对外依存度为21%，其中原油净进口量达4.6亿吨，对外依存度为71%；天然气净进口量达1200亿立方米，进口量超过日本跃居全球第一位，对外依存度为43%。[③] 此外，中国能源进口渠道单一，原油进口约50%来自中东地区，30%来自非洲地区，与美、日等能源消费大国的能源供应国高度重合，存在激烈的竞争关系，而且这些地区常年政局动荡，在运输过程中也存在海盗、气象风险等不安全因素，中国未来能源安全形势严峻，保障国家能源安全成为影响地缘政治和中国外交政策的重要因素。

第二节 研究意义

一 理论意义

本书运用空间面板数据模型研究“高碳”资源禀赋约束下碳强

① 资料来源：https：//56cpm.kuaizhan.com/39/51/p3196824035ba9a。

② 资料来源：《全国石油天然气资源勘查开采情况通报（2017年度）》，https：//www.sohu.com/a/249461672_450440。

③ 资料来源：http：//www.sohu.com/a/310965949_120046671。

度减排目标的实现机制问题，相对于以往学者的研究成果，本书在以下两方面具有理论意义。

（一）验证“资源诅咒”假说在中国省级层面是否成立并揭示其作用传导机制

一个国家或地区的资源禀赋对其经济发展和环境质量具有重要影响，资源禀赋通过产业结构等途径影响经济发展和环境质量。依据比较优势原理和H—O要素禀赋理论，丰富的资源禀赋将为经济社会发展提供充足的物质基础和原料供应，但现实中不少资源丰富的国家和地区却陷入经济停滞、环境污染、生态破坏的陷阱，这一现象被学术界称为“资源诅咒”。具体到能源资源以及中国不同省份[①]的情况，“资源诅咒”假说是否成立及其传导机制是怎样的？如何看待并量化“高碳”能源资源禀赋在区域经济发展与节能减排中的作用？本书将围绕这些问题展开研究，验证“资源诅咒”假说在中国省级层面是否成立并揭示其作用传导机制，从而使其具有明确的理论意义。

（二）为碳排放权的分配提供理论依据与方法支撑

由于各省份碳强度与全国碳强度之间存在非线性的关系，各省份碳强度的简单线性加总并不等同于全国碳强度。因此，碳强度减排约束指标在实施过程中最终还要转化为一定的碳排放总量指标，并在省级乃至更小的行政单元进行分配。在碳强度减排目标和全国GDP一定的情况下，各省份所能排放的碳总量也是一定的，由此将导致各省份在碳排放权的分配问题上存在“零和博弈”的困境。本书运用零和收益—数据包络分析方法（Zero Sum Gains - Data Envelopment Analysis，ZSG - DEA）对“十二五”碳强度减排目标约束下碳排放权的省际分配问题进行研究，并与其他方案的分配结果及实际排放数据对比，分析各省份在不同分配原则下排放空间及减排压力的变化，从而为解决中国未来碳排放权的分配问题提供理论依据

① 因缺乏具体数据，本书研究样本中不包括西藏及港澳台地区。

与方法支撑。

二　现实意义

本书的现实意义体现在以下两个方面。

（一）为各级政府有针对性地制定和实施差异化减排策略提供实证依据

制定科学、合理的减排目标与政策措施要求决策者对省际碳强度等指标的空间分布格局及未来走势有科学、准确的研判，而中国各省份在产业结构、资源禀赋、技术水平等方面存在巨大差异，导致省际碳强度呈现不同的变化趋势，加大了制定减排策略的难度。本书运用空间面板数据模型研究省际碳强度的收敛性特征，并引入相关控制变量，分析其对碳强度作用的大小及方向，为各级政府有针对性地制定和实施差异化减排策略提供实证依据。

（二）指导能源资源富集地区克服“资源诅咒”问题

本书重点验证“资源诅咒”假说在中国省级层面是否成立，分析资源禀赋对碳强度的影响并揭示其作用传导机制，从而对指导能源富集地区在充分利用资源优势发展经济的同时，避免陷入“资源诅咒”陷阱，促进经济社会的可持续发展方面具有重要的现实意义。

第三节　概念的界定

一　资源禀赋的界定

资源是社会经济发展的物质基础，通常情况下可将其分为可再生资源如森林资源、水资源，以及不可再生资源如矿藏资源。本书中所说的资源指与二氧化碳排放密切相关的化石能源资源，具体指煤炭、石油和天然气三种能源资源。资源禀赋指煤炭、石油和天然气三种能源资源的丰裕程度，用资源禀赋系数来衡量，具体计算方法见本书第四章第四节。

二　碳强度的界定

碳强度指单位 GDP 排放的碳量，用碳排放量除以实际 GDP 即可得到。关于碳的界定有广义和狭义之分，广义的碳代指所有温室气体，包括二氧化碳（CO_2）、甲烷（CH_4）、氧化亚氮（N_2O）、氢氟化碳（HFC_S）、全氟化碳（PFC_S）和六氟化硫（SF_6）6 种气体；狭义的碳仅指二氧化碳，不包括其他种类的温室气体。本书中所指的碳仅指由化石能源，包括煤炭、石油和天然气三种能源消费产生的二氧化碳，非化石能源产生的二氧化碳不在本书研究对象之列。从这个意义上讲，本书中所指的碳是“超狭义”的。但无论就中国还是全球而言，由化石能源消费产生的二氧化碳占二氧化碳总量的比重都超过 90%，占温室气体总量的比重也超过 75%。因此，本书以化石能源消费产生的二氧化碳为研究对象得到的研究结论及提出的政策建议具有较强的代表性。需要指出的是，碳排放并不等同于二氧化碳排放，因为前者要经过氧化反应才能得到后者。为表述方便，本书中碳排放都指的是二氧化碳排放，碳强度指由煤炭、石油和天然气消费产生的二氧化碳排放量与实际 GDP 的比值。

第四节　研究内容与结构框架

一　研究内容

本书内容主要包括以下七章。

第一章主要介绍本书的研究背景、研究意义、概念的界定、研究内容与结构框架以及主要研究方法等。

第二章介绍了国内外学者在相关领域的研究成果并进行评述，包括“资源诅咒”假说、低碳经济理论、碳强度等相关研究。

第三章构建了资源禀赋影响碳强度的理论模型与分析框架。首先，构建资源禀赋对碳强度影响的理论模型，从理论上证明资源禀赋含碳量的提高促进碳强度上升。其次，构建资源禀赋影响碳强度的传导机制分析框架。资源禀赋对碳强度的影响，可以分解为对经济增长的影响和对碳排放的影响，资源禀赋通过一系列中介变量影响经济增长和碳排放。

第四章为中国省际碳强度的比较及收敛性分析。首先，介绍碳排放的计算方法，并据此计算得到1998—2016年中国及各省份碳排放与碳强度的数据，从直观上比较中国及各省份碳排放、碳强度的高低及变化趋势；其次，介绍空间权重矩阵的分类及资源禀赋系数与综合空间权重矩阵；然后介绍空间相关性检验的方法，并对省际碳强度的空间分布格局和空间相关性特征进行分析，为后面章节构建空间计量模型奠定基础；最后，构建空间误差面板数据模型对省际碳强度的收敛性特征进行研究，并引入相关控制变量，检验省际碳强度是否存在条件β收敛特征，分析不同因素对碳强度作用的大小及方向，为各级政府有针对性地制定和实施差异化的减排策略提供实证依据。

第五章分析了资源禀赋影响碳强度的传导机制。首先，分析中国省际区域经济增长和碳排放的空间分布格局及空间相关性特征，这是进行空间计量分析的前提，也证明了本书采用空间计量模型的必要性；其次，在第三章理论模型与分析框架的基础上，分别构建空间滞后面板数据模型和空间误差面板数据模型，分析资源禀赋及相关控制变量对经济增长和碳排放的影响，并对资源禀赋影响经济增长和碳排放的传导机制进行分析，从而揭示资源禀赋影响碳强度的传导机制。

第六章分析了碳强度减排目标约束下碳排放权的省际分配问题。中国各省份在资源禀赋、产业结构、技术水平等方面存在巨大差异，如何公平、高效地分配有限的碳排放权资源成为政府及学术界关注的焦点。本章基于ZSG－DEA模型对“十二五”期间碳强度减排目标约束下碳排放权的省际分配问题进行研究，并与基于人际公平原则、溯往原则、支付能力原则的分配结果进行比较，分析各省份在不同原则下排放空间及减排压力的变化，从而为解决中国未来碳排放权的分配问题提供理论方法和实证依据。

第七章为主要结论与政策建议。本章对全书进行总结，提炼出主要研究结论，并在此基础上提出中国实施节能减排工作的政策建议。本章还指出本书研究的局限性及未来进一步研究的方向。

二　结构框架

本书遵循“提出问题—研究基础—构建理论模型与分析框架—经验研究—政策建议”的研究范式与逻辑思路。具体来说，第一部分是绪论，包括第一章，主要介绍本书的研究背景、研究意义、主要内容及结构框架、研究方法等；第二部分是研究基础，包括第二章，主要介绍国内外学者在相关领域的研究成果并进行评述；第三部分是理论模型与分析框架的构建，包括第三章，从理论角度分析资源禀赋对碳强度的影响及其传导机制；第四部分是经验研究，也是本书的核心章节，包括第四章、第五章、第六章，分别研究省际碳强度的比较及收敛性特征、资源禀赋影响碳强度的传导机制和碳强度减排目标约束下碳排放权的省际分配；第五部分是政策建议，包括第七章，在提炼全书主要结论的基础上提出中国实施节能减排工作的政策建议，并指出本书研究的不足之处及研究展望。本书的结构框架见图1－1。

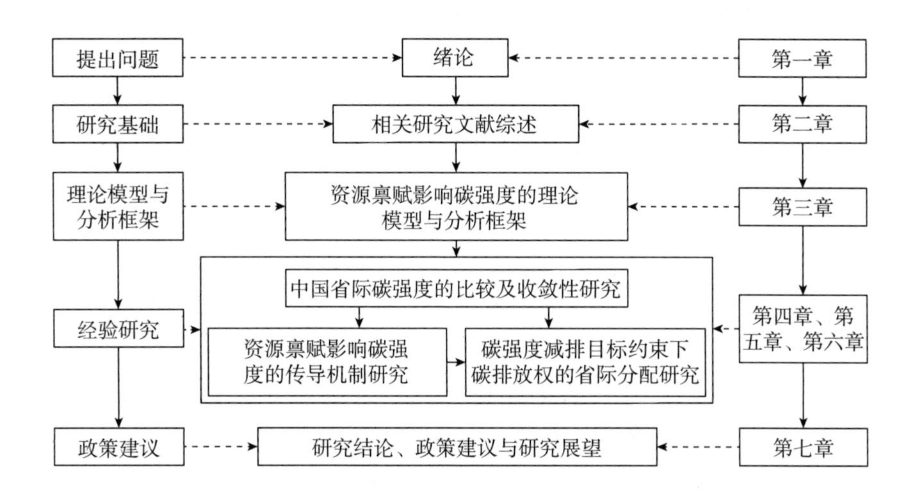

图1－1　本书结构框架

第五节 研究方法

本书将经验研究与理论分析相结合，以经验研究方法为主。

一 文献计量分析法

传统的文献整理与分析方法很难对在不同研究条件、环境及模型下得到的结果进行系统的提炼和总结，而 Meta 分析法用统计学的概念与方法，收集、整理与分析针对某个主题所做的众多实证研究，以找出该问题或所关切变量之间的明确关系模式，分析结果具有客观性和科学性，提高了文献研究的综合统计能力。本书利用 Meta 分析技术，对国内外学者在能源资源禀赋与碳强度关系研究、低碳经济理论、“资源诅咒”假说等领域的研究方法、研究结论等进行分类总结和借鉴吸收，为本书的研究奠定理论基础。

二 探索性空间数据分析法

本书运用探索性空间数据分析方法（Exploratory Spatial Data Analysis，ESDA）分析相邻省份碳强度、区域经济增长与碳排放等指标的空间相关性特征与分布格局，为开展空间计量经济分析奠定基础。

三 空间面板数据模型

本书构建的空间面板数据模型是空间计量经济学与传统面板数据模型的有机结合，其优点是可以兼顾数据时间和空间的二维性，不仅能很好地控制个体异质性特征，而且可以引入更多的控制变量，在一定程度上解决了遗漏变量和模型内生性问题，又将截面维度的省际空间关联效应纳入模型，使研究成果具有更坚实的理论基础和现实意义，模型参数估计也因样本容量增大而更加稳健、有效。具体而言，本书第四章构建空间误差面板数据模型对省际碳强度的收敛性特征进行研究；第五章构建空间滞后面板数据模型和空间误差面板数据模型，分析资源禀赋及相关控制变量对经济增长和碳排放，进而对碳强度的影响，并对资源禀赋影响碳强度的传导机制进行实证检验和解释。

四 ZSG - DEA 模型

第六章基于 ZSG - DEA 模型，对“十二五”期间碳强度减排目标约束下碳排放权的省际分配问题进行研究，并与基于人际公平原则、溯往原则、支付能力原则的分配结果进行比较，分析各省份在不同原则下排放空间及减排压力的变化，为实现碳排放权的优化配置提供理论方法与实证依据。

第六节 可能的创新点

与已有研究成果相比，本书可能的边际贡献和创新点主要体现在以下三个方面。

第一，基于“高碳”资源禀赋约束的视角研究碳强度，并拓展了资源禀赋影响碳强度的分析框架。

以往学者大多从保护全球气候资源的角度关注碳排放总量或从全球气候谈判公平、正义的角度关注人均碳排放量，而较少关注碳强度。即使有少数学者研究碳强度，也只是侧重于经济社会因素如收入水平、产业结构、技术进步等，忽略了中国“多煤、贫油、少气”的“高碳”资源禀赋特征对碳强度的影响，导致其研究结论及政策建议的现实意义弱化。因此，本书研究资源禀赋对碳强度的影响，并引入中介变量，从不同方面揭示其传导机制，具有一定的创新性，同时也弥补了以往学者对“资源诅咒”假说的研究大多关注经济效应，而忽视环境效应的空缺，对于指导能源富集地区制定科学、合理的减排策略，破解“资源诅咒”困境具有较强的现实意义和政策含义。

第二，构建包含空间地理区位和资源禀赋特征双重效应的综合空间权重矩阵，以解决传统空间权重矩阵存在的“对等性”和

（或）“同一性”问题。

以往学者出于简便、直观等角度的考虑，通常使用邻近原则或距离原则构建空间权重矩阵。然而，采用邻近原则构建空间权重矩阵，由此得到的空间效应存在“对等性”和“同一性”问题①；采用距离原则构建空间权重矩阵，以经济主体之间距离的远近设定空间权重矩阵元素的值，虽然解决了空间效应的“同一性”问题，但难以解决“对等性”问题。就本书研究对象而言，省际碳强度的空间相关性不仅受空间地理区位的影响，也在很大程度上受资源禀赋特征的影响，资源禀赋不仅通过能源消费结构、产业结构等途径影响本地区的碳强度，还通过省际能源贸易等途径影响其他地区的碳强度。依据比较优势原理和H—O要素禀赋理论，省际资源禀赋差异越大，发生能源贸易的可能性越大，但同时也受到空间距离远近的制约。本书构建的综合空间权重矩阵包含空间地理区位和资源禀赋特征的双重效应，一定程度上解决了使用邻近原则和距离原则构建空间权重矩阵带来的“对等性”和（或）“同一性”问题，使模型更能反映现实经济联系，研究结论更加可靠，政策建议也更加科学、可行。

第三，在传统DEA模型的基础上构建碳排放权分配的ZSG－DEA模型，探索碳排放权的省际分配及效率优化问题。

由于各省份碳强度与全国碳强度之间存在非线性的关系，各省份碳强度的简单线性加总并不等同于全国碳强度。因此，碳强度减排约束指标在实施过程中最终还要转化为一定的碳排放总量指标，并在省级乃至更小的行政单元进行分配。在碳强度减排目标和全国GDP一定的情况下，各省份所能排放的碳总量也是一定的。这一特

---

① 例如北京和河北邻近，基于邻近原则构建的空间权重矩阵意味着北京对河北的影响必然等同于河北对北京的影响，然而事实情况并非如此，这种情况被称为空间效应的“对等性”问题；如果北京、天津都与河北相邻近（无论天津与北京是否邻近），基于邻近原则得到的北京对河北的影响等同于天津对河北的影响，这种情况被称为空间效应的“同一性”问题。

征导致传统 DEA 模型在分析碳排放权分配效率时不再适用，因为依据传统 DEA 模型得到的分配效率值和松弛变量在进行调整时会突破碳排放权总量既定的约束条件。本书在传统 DEA 模型的基础上构建碳排放权分配的 ZSG - DEA 模型，利用其对“十二五”期间碳强度减排目标约束下碳排放权的分配效率问题进行研究，并与其他原则分配结果及实际排放数据对比，分析各省份在不同原则下排放空间及减排压力的变化，为中国未来实施碳排放权总量的分配提供理论方法和实证依据。

第二章　相关研究文献述评

第一节　“资源诅咒”假说

古典经济学理论认为，丰富的自然资源对一国或地区的经济发展及人民生活水平改善具有重要促进作用，但奥蒂（Auty）等提出的“资源诅咒”假说改变了这一传统观点。[①]“资源诅咒”也被称为“荷兰病”效应。20 世纪中期，荷兰发现大量石油和天然气资源，政府大力发展石化工业并出口初级能源产品，导致该国产业结构以初级产品加工为主，制造业发展滞后，经济增长缺乏持久的动力和源泉，且资源产品的出口导致大量外汇流入，引发通货膨胀。后来经济学家将丰富的自然资源禀赋不但没有为经济发展创造条件，反而阻碍经济增长的现象称为“荷兰病”效应。无独有偶，“二战”之后，资源丰富的国家如委内瑞拉、墨西哥、尼日利亚等国经济发展停滞不前，而自然资源匮乏的经济体如韩国、中国香港、新加坡和中国台湾等成功实现经济高速增长和产业结构转型，使学术界尤其是经济学家对自然资源禀赋与经济发展之间的关系这一命题产生了浓厚的兴趣。学者在“资源诅咒”领域的研究成果大多集中在以下两个领域。

一　采用经验研究的方法，证实或证伪“资源诅咒”假说

依据研究对象的不同，该领域又可分为跨国经验研究和一国之内

---

① Richard M. Auty, *Sustaining Development in Mineral Economies: The Resource Curse Thesis*, London and New York, Routledge, 1993.

的研究。其中有学者采用跨国数据证实“资源诅咒”效应的存在,[①②③] 而也有部分学者采用跨国数据证伪“资源诅咒”效应的存在。[④⑤] 还有学者同时检验多种资源的经济效应，发现一部分资源支持“资源诅咒”假说，而另一部分资源不支持“资源诅咒”假说。[⑥]

相对于国家间数据的研究，一国之内的数据更具有可比性，其研究结论也更加具有现实意义和政策含义。其中有学者利用美国各州数据证实“资源诅咒”效应存在;[⑦] 也有研究成果否定“资源诅咒”效应在美国的存在。[⑧⑨]

针对中国国内是否存在“资源诅咒”效应，也有不少学者做过研究。其中，部分研究成果证实“资源诅咒”效应存在,[⑩⑪⑫] 而另一部分研究成果则否定“资源诅咒”效应的存在。[⑬]

---

① Sachs, J. D. , Warner, A. M. , “Natural Resource Abundance and Economic Growth”, *NBER Working Papers*, 1995.

② Leite, C. A. , Weidmann, J. , “Does Mother Nature Corrupt? Natural Resources, Corruption, and Economic Growth”, *IMF Working Papers*, 1999 (99/85) .

③ Sala - i - Martin, X. , Subramanian, A. , “Addressing the Natural Resource Curse: An Illustration from Nigeria ”, *NBER Working Papers*, No. 9804, 2003, https: //www. nber. org/papers/w9804.

④ Papyrakis, E. , Gerlagh, R. , “The Resource Curse Hypothesis and Its Transmission Channels”, *Journal of Comparative Economics*, 2004, 32.

⑤ 魏国学、陶然、陆曦:《资源诅咒与中国元素: 源自135个发展中国家的证据》,《世界经济》2010年第12期。

⑥ Stijns, J. P. C, “Natural Resource Abundance and Economic Growth Revisited”, *Resources Policy*, 2005, 30 (2) .

⑦ Papyrakis, E. , Gerlagh, R. , “Resource Abundance and Economic Growth in the United States”, *European Economic Review*, 2007, 51 (4) .

⑧ Habakkuk, H. J. , *American and British Technology in the Nineteenth Century: The Search for Labour - saving Inventions*, Cambridge: Cambridge University Press, 1962.

⑨ Michaels, G. , “The Long Term Consequences of Resource - Based Specialisation”, *Economic Journal*, 2011, 121 (551) .

⑩ 徐康宁、王剑:《自然资源丰裕程度与经济发展水平关系的研究》,《经济研究》2006年第1期。

⑪ 邵帅、齐中英:《西部地区的能源开发与经济增长——基于“资源诅咒”假说的实证分析》,《经济研究》2008年第4期。

⑫ 李江龙、徐斌:《“诅咒”还是“福音”: 资源丰裕程度如何影响中国绿色经济增长?》,《经济研究》2018年第9期。

⑬ 方颖、纪衎、赵扬:《中国是否存在“资源诅咒”?》,《世界经济》2011年第4期。

与资源丰裕度密切相关的一个概念是“资源依赖”，即一国或地区经济对于自然资源的依赖程度，这种依赖主要体现在资源型产业对区域经济的产业结构、就业结构、技术进步水平、发展速度和方向等方面的重要程度和影响强度上，利用资源产业依赖度变量开展的实证分析大多认为“资源诅咒”命题成立，而利用自然资源丰裕度变量开展的实证分析则往往会得到该命题不成立的结论。①

通常情况下，“资源诅咒”研究范式针对的是自然资源，尤其是能源、矿产等不可再生资源。但近年来，“资源诅咒”这一概念被应用到其他领域，如企业的政治关联通过降低市场竞争、助长过度投资等途径加剧企业粗放式发展，阻碍企业自主创新，进而产生“政治资源诅咒”效应。②

通过以上分析可以发现，关于“资源诅咒”假说的经验研究只能说明其作为一种现象客观存在，但并非具有普适意义的规律，这与学者在研究过程中选取的资源种类、度量资源丰裕度的指标方法、控制变量及计量模型等因素密切相关。因此，不能一概而论。

二　揭示“资源诅咒”效应的传导机制

现有文献主要从以下四个方面阐述“资源诅咒”效应的传导机制。

（1）对制造业产生“挤出效应”。自然资源丰富的经济体更倾向于发展初级资源出口产业，并形成对资源产业的过度依赖，导致制造业萎缩和产业结构单一化，进而阻碍经济增长。③

（2）对人力资本投资和科技创新产生“挤出效应”。资源丰富的经济体以初级产品出口为主导产业，对人力资本投资和科技创新

① 邵帅、杨莉莉：《自然资源丰裕、资源产业依赖与中国区域经济增长》，《管理世界》2010 年第 9 期。

② 袁建国、后青松、程晨：《企业政治资源的诅咒效应——基于政治关联与企业技术创新的考察》，《管理世界》2015 年第 1 期。

③ 王嘉懿、崔娜娜：《“资源诅咒”效应及传导机制研究——以中国中部 36 个资源型城市为例》，《北京大学学报》（自然科学版）2018 年第 6 期。

不重视，使经济失去持续增长的动力。①

（3）引发政治制度质量弱化。丰富的自然资源会滋生寻租与腐败行为，进而阻碍经济增长；②③ 丰富的自然资源有可能阻碍民主制度的建立和维系，进而阻碍经济增长。④

（4）降低对外开放度和导致贸易条件恶化。资源丰裕的地区倾向于封闭保守，对外开放度较低，且资源输出会导致外币大量流入，引起本币升值与通货膨胀，对外商投资产生“挤出效应”，进而阻碍经济增长。⑤

针对破解“资源诅咒”困境的方法，除了切断上述四种“资源诅咒”效应的传导途径外，资源税改革⑥和社会资本积累⑦也有利于缓解“资源诅咒”效应。

从以上分析不难发现，国内外学者对于“资源诅咒”假说的研究大多集中于经济效应，忽视了资源开采的环境及生态效应。因此，本书基于资源禀赋视角研究碳强度减排目标的实现机制问题，一定程度上弥补了该领域的空缺。

---

① 邵帅、杨莉莉：《自然资源丰裕、资源产业依赖与中国区域经济增长》，《管理世界》2010 年第 9 期。

② Sala – i – Martin, X., Subramanian, A., “Addressing the Natural Resource Curse: An Illustration from Nigeria”, *NBER Working Paper*, No. 9804, https://www.nber.org/papers/w9804.

③ 彭爽、张晓东：《“资源诅咒”传导机制：腐败与地方政府治理》，《经济评论》2015 年第 5 期。

④ Aslaksen, S., “Oil and Democracy: More than a Cross – country Correlation?”, *Journal of Peace Research*, 2010, 47 (4).

⑤ 李天籽：《自然资源丰裕度对中国地区经济增长的影响及其传导机制研究》，《经济科学》2007 年第 6 期。

⑥ 林伯强等：《资源税改革：以煤炭为例的资源经济学分析》，《中国社会科学》2012 年第 2 期。

⑦ 万建香、汪寿阳：《社会资本与技术创新能否打破“资源诅咒”？——基于面板门槛效应的研究》，《经济研究》2016 年第 12 期。

第二节　低碳经济理论相关研究

一　低碳经济的动因

围绕控制碳排放、减缓和适应全球气候变化，一种新的发展理念被提出，即低碳经济理论。总体而言，各国发展低碳经济的动因有三个方面：气候变化、能源安全和国际竞争。作为一种新的发展理念和发展模式，“低碳经济”的概念一经提出，便受到国际社会和学术界的高度重视，它不仅导致人类与自然界的关系发生变化，而且还有可能导致人类生产方式、生活方式和精神理念的重大变革，由此带来的在有关能源安全与利用、国际贸易与投资等方面的变化可能在一定程度上改变国际政治经济秩序的现有格局。

二　低碳经济的含义

“低碳经济”一词最早出现在英国前首相布莱尔在2003年发表的能源白皮书《我们能源的未来——创建低碳经济》（*Our Energy Future: Creating a Low Carbon Economy*）中。围绕低碳经济的内涵及特征，国内外学者进行了深入的研究，比较具有代表性的观点有以下几种。

前世界银行首席经济学家尼古拉斯·斯特恩（Nicholas Stern）在其主持完成的一份有关全球气候变暖问题的报告中提出，不断加剧的温室效应将会严重影响全球经济发展，其严重程度不亚于世界大战和经济大萧条。为减缓气候变化，应减少向大气中排放温室气体。[①]

鲍健强、苗阳、陈锋认为，全球气候变化及减排压力促使低碳经济的产生，看似只为减少温室气体排放，缓解全球气候变化，但实质是人类生产方式、生活方式的一次革命，使建立在化石能源基

① Nicholas Stern, *The Stern Review on the Economics of Climate Change*, 2006.

础之上的现代工业文明和“高投入、高能耗、高排放”的经济增长方式向生态文明和生态经济转变。[①]

潘家华等认为，低碳经济强调的是经济发展方式的转变，实现途径是技术创新和制度创新，目标是低排放、高增长。在不同发展阶段，低碳经济应有不同的内容和形式，包括提高能源利用效率、优化能源消费结构和引导消费者理性消费。[②]

庄贵阳、潘家华、朱守先认为，低碳经济的本质是提高能源利用效率和优化能源消费结构，实现由碳基能源向氢基能源的转变，核心是实现能源技术革命，途径是技术创新和政策创新，目的是减缓气候变化，实现人类经济社会的可持续发展。[③]

综上所述，低碳经济是在全球气候变化与温室气体减排的背景下提出的，旨在减少人类活动向大气中排放的碳，尤其是减少碳基化石能源的使用，进而缓解全球气候变化，核心是建立高能效、低能耗、低排放的发展模式，侧重于技术创新和制度创新，实现人类经济社会可持续发展。

由此可见，低碳经济与循环经济、生态经济、绿色经济等概念存在一定共同之处，都是以实现人类与自然界的健康、协调、可持续发展为共同目标，以提高资源利用效率、减少污染物排放为手段，但以上概念在外延和内涵方面也存在一定差异：循环经济概念的提出背景是全球资源枯竭危机和生态环境破坏，它以物质流为主线，改变传统的“资源—产品—废弃物”的单向流动模式，实现“资源—产品—废弃物—资源—产品”的循环流动模式，以减量化（Reduce）、再利用（Reuse）、再循环（Recycle）为基本原则（“3R”原则），核心是提高资源循环利用效率，尤其是回收、再利

---

① 鲍健强、苗阳、陈锋：《低碳经济：人类经济发展方式的新变革》，《中国工业经济》2008 年第 4 期。

② 潘家华等：《低碳经济的概念辨识及核心要素分析》，《国际经济评论》2010 年第 4 期。

③ 庄贵阳、潘家华、朱守先：《低碳经济的内涵及综合评价指标体系构建》，《经济学动态》2011 年第 1 期。

用各种废旧资源。生态经济以生态学和系统工程原理为基本依据，以生态系统的承载能力为基本出发点，目标是实现“社会—经济—自然”的协调统一。生态经济重视系统内部结构与功能的协调、能量转换及信息反馈，目的是实现人类社会与自然生态的和谐发展。绿色经济概念的提出背景是全球环境污染，尤其是化肥、农药等化学合成物的使用严重危害人体健康，其基本出发点是生产有益于人体健康的产品和减少污染物排放，核心目标是实现人类健康以及自然生态与经济社会的健康、友好、可持续发展。

三　低碳经济的实现途径

庄贵阳从调整能源结构、提高能源效率、调整产业结构、遏制奢侈浪费、发挥碳汇潜力和开展国际合作六个方面论述了中国实现低碳发展的可能路径。① 范钰婷、李明忠认为，中国工业化、城市化进程的加速，“高碳”资源禀赋特征决定的能源消费结构以及在国际产业分工中所处的地位，导致中国在向低碳经济模式转型的过程中面临巨大压力，并提出中国需从国家战略、优化能源结构、改造传统“高碳”产业、政策激励等方面实施低碳发展措施。② 王锋、冯根福论述了城市化水平、工业化水平、人口数量、经济发展、居民消费、能源结构变化、技术进步和能源价格等因素对实现低碳发展的影响，并提出中国可以通过调整能源结构、引导居民树立低碳消费意识、促进能源技术进步、提高能源价格的途径实现低碳发展。③

Pacala 和 Socolow 认为，技术进步作为揭示和最终解决气候变化问题的根本途径，其作用超过其他所有驱动因素之和，并进一步指出低碳技术分为三类：第一类是提高能效和节能的技术，包括改善

---

① 庄贵阳：《中国经济低碳发展的途径与潜力分析》，《国际技术经济研究》2005 年第 8 期。

② 范钰婷、李明忠：《低碳经济与我国发展模式的转型》，《上海经济研究》2010 年第 2 期。

③ 王锋、冯根福：《中国经济低碳发展的影响因素及其对碳减排的作用》，《中国经济问题》2011 年第 3 期。

燃油经济性、减少对小汽车的依赖、提高建筑能效和提高电厂能效；第二类是降低能源碳含量的技术，包括用天然气替代煤炭、捕集电厂产生的碳、核聚变、风力发电、光伏发电、生物燃料等；第三类是开发利用自然碳汇的技术，包括森林管理和农业土地管理。①

《京都议定书》提出三种相互补充的市场机制来降低减排成本，包括排放权交易（Emissions Trading，ET）、联合履行机制（Joint Implementation，JI）和清洁发展机制（Clean Development Mechanism，CDM）。隗斌贤、揭筱纹分析了在长三角地区建立区域碳交易市场的紧迫性，并在借鉴欧美碳交易经验的基础上提出构建中国区域碳交易市场的思路与对策。② 安崇义、唐跃军利用改进的AIM-Enduse 模型构建企业减排的最优决策模型，研究发现参与者数量及参与者之间边际减排成本的离散程度决定排放权交易市场的交易量；CDM 可以大幅降低发达国家减排成本，且有利于增加排放权交易市场的交易量，但对于落后国家几乎没有影响。③

碳税是除排放权交易机制外应用最广的减排政策工具。芬兰于 1990 年开始征收碳税，此后瑞典、挪威、荷兰和丹麦也相继开征。Godal 和 Holtsmark 研究了挪威自 1991 年征收碳税以来各部门成本和盈利情况的变化，发现如果对目前减免排放税的部门征收统一碳税，这些部门的成本将明显增加。④ 陈诗一的研究表明，征收碳税短期内影响工业产出，但长期来看，影响较小，而且有利于实现 2020 年的碳强度减排目标。⑤ 姚昕、刘希颖利用 CGE 模型分析了碳税的减排效果和对中国经济的影响。研究发现，开征碳税有利于减

---

① Pacala, S., Socolow, R., "Stabilization Wedges: Solving the Climate Problem for the Next 50 Years with Current Technologies", *Science*, 2004, 305 (5686).

② 隗斌贤、揭筱纹：《基于国际碳交易经验的长三角区域碳交易市场构建思路与对策》，《管理世界》2012 年第 2 期。

③ 安崇义、唐跃军：《排放权交易机制下企业碳减排的决策模型研究》，《经济研究》2012 年第 8 期。

④ Godal, O., Holtsmark, B., "Greenhouse Gas Taxation and the Distribution of Costs and Benefits: The Case of Norway", *Energy Policy*, 2001, 29 (8).

⑤ 陈诗一：《边际减排成本与中国环境税改革》，《中国社会科学》2011 年第 3 期。

少碳排放、提高能源效率和优化产业结构，在保障中国经济增长的前提下，最优碳税税率呈现从低到高的动态变化过程。[①]

第三节　碳强度相关研究

在中国提出以碳强度作为减排约束指标后，印度、巴西等发展中国家也随后将碳强度作为其减排约束指标，碳强度具有了明确的政治与经济含义，受到越来越多学者的关注。目前对碳强度的研究主要集中在能源资源禀赋与碳强度关系、驱动因素分解、收敛性特征分析及其作为减排目标的可行性与实现途径等方面。

一　能源资源禀赋与碳强度关系

苗壮、周鹏、李向民指出，一地区的碳强度受到该地区碳排放量和国内生产总值的双重影响，实际上与该地区的经济规模、资源禀赋、产业结构与能源消费结构密切相关。[②] 蔡荣生、刘传扬研究了碳强度差异与能源资源禀赋的关系，证实了“能源禀赋越高，碳强度越大”的假说。[③] 张翠菊、张宗益研究表明，能源禀赋对地区碳强度具有显著正向影响，能源丰裕地区倾向于利用比较优势，发展能源开发、加工等能源依赖性强、附加值低的初级产品，最终形成了高碳排放的发展路径。能源禀赋对碳强度还具有显著的空间外溢效应，能源丰裕的地区在推高当地碳强度的同时，还会辐射到周边地区，并进一步影响全国碳强度。受能源开采限制以及国家政策

① 姚昕、刘希颖：《基于增长视角的中国最优碳税研究》，《经济研究》2010 年第 11 期。

② 苗壮、周鹏、李向民：《我国“十二·五”时期省级碳强度约束指标的效率分配——基于 ZSG 环境生产技术的研究》，《经济管理》2012 年第 9 期。

③ 蔡荣生、刘传扬：《碳排放强度差异与能源禀赋的关系——基于中国省际面板数据的实证分析》，《烟台大学学报》（哲学社会科学版）2013 年第 1 期。

等影响，能源禀赋对碳强度的影响程度有弱化的趋势。[①] 岳超等研究表明，能源资源禀赋、产业结构和能源消费结构是一省份碳强度的决定因素。这一方面是由于碳强度较高的产业多为能源和资源密集型产业，能源资源丰富的省份发展这些产业具有比较优势；另一方面，长期以来中国对能源价格实行管制，导致能源价格低于市场均衡价格，企业倾向于以相对廉价的能源替代更加昂贵的高能效设备、技术和生产方式，从而导致能源的过度需求，致使碳强度升高。[②]

二 碳强度变化的驱动因素分解

岳超等的研究表明，能源资源禀赋、产业结构和能源消费结构是碳强度的主要决定因素。[③] 张友国利用投入—产出模型研究了1987—2007年中国经济发展方式对碳强度的影响，结论表明经济发展方式转变使碳强度下降66.2%，其中生产部门能源强度的下降是导致中国碳强度下降的最主要因素，而中间投入品结构的变化、出口扩张引发需求分配结构的变化则使碳强度上升。[④] 陈诗一对中国工业碳强度的下降模式及其原因进行解释，研究发现能源效率提高是碳强度下降的直接决定因素，能源消费结构和工业结构调整也对工业碳强度的下降起到间接促进作用。[⑤] 刘华军、闫庆悦、孙曰瑶从企业和消费者的视角将碳强度变化分解为技术效应、规模效应和品牌效应，其中技术进步和品牌信用度的提高有助于碳强度下降，而规模扩张则不利于碳强度下降；品牌可以通过影响企业定价权进而放大技术进步的正效应和抵消规模扩张的负效应，产品的低碳标

---

① 张翠菊、张宗益：《能源禀赋与技术进步对中国碳排放强度的空间效应》，《中国人口·资源与环境》2015年第9期。

② 岳超等：《1995—2007年我国省份碳排放及碳强度的分析——碳排放与社会发展Ⅲ》，《北京大学学报》（自然科学版）2010年第4期。

③ 同上。

④ 张友国：《经济发展方式变化对中国碳排放强度的影响》，《经济研究》2010年第4期。

⑤ 陈诗一：《中国碳排放强度的波动下降模式及经济解释》，《世界经济》2011年第4期。

识与认证可以引导消费者做出更环保的选择行为，从而降低碳强度。① 毕克新、杨朝均研究外商直接投资对中国工业碳强度的影响，结论表明外商直接投资有利于工业碳强度的下降。② 孙作人、周德群、周鹏基于非参数距离函数和环境生产技术对中国工业碳强度的变化进行因素分解，研究发现能源强度对工业碳强度下降的贡献大于能源消费结构的贡献。③ 王锋、冯根福、吴丽华利用 LMDI 方法测算了 1997—2008 年中国各省份碳强度及有关因素对全国碳强度下降的贡献率，研究发现各省份碳强度及其相关因素对全国碳强度下降的贡献率各不相同，各省份碳强度对全国碳强度的变化影响最大，提高能源效率是各省份减排的主要途径。④

三 碳强度收敛性特征

孙传旺、刘希颖、林静对碳强度约束下的中国区域全要素生产率收敛性进行研究，结果表明东部地区收敛趋势显著，而且收敛速度快，西部地区则不存在显著的收敛趋势，说明中国区域间碳强度呈现不同的收敛特征。⑤ 林伯强、黄光晓采用空间计量模型证明了中国区域间碳强度存在较强的空间相关性，"梯度发展模式"进一步强化了空间集聚效应，导致中国区域间碳强度呈现"俱乐部"收敛特征。⑥ 杨骞、刘华军运用截面数据和面板数据对 1995—2009 年中国省际碳强度收敛性进行检验，发现不存在绝对 β 收敛和条件 β

---

① 刘华军、闫庆悦、孙曰瑶：《碳排放强度降低的品牌经济机制研究——基于企业和消费者微观视角的分析》，《财贸经济》2011 年第 2 期。

② 毕克新、杨朝均：《FDI 溢出效应对我国工业碳排放强度的影响》，《经济管理》2012 年第 8 期。

③ 孙作人、周德群、周鹏：《工业碳排放驱动因素研究：一种生产分解分析新方法》，《数量经济技术经济研究》2012 年第 5 期。

④ 王锋、冯根福、吴丽华：《中国经济增长中碳强度下降的省份贡献分解》，《经济研究》2013 年第 8 期。

⑤ 孙传旺、刘希颖、林静：《碳强度约束下中国全要素生产率测算与收敛性研究》，《金融研究》2010 年第 6 期。

⑥ 林伯强、黄光晓：《梯度发展模式下中国区域碳排放的演化趋势——基于空间分析的视角》，《金融研究》2011 年第 12 期。

收敛，也不存在σ收敛迹象。[①] 许广月的研究表明，中国碳强度存在高、中、低三个收敛俱乐部，产业结构和能源消费结构的优化、能源价格变化、工业化和城市化水平上升、环境规制和产权制度的强化有利于碳强度的下降和收敛，清洁技术水平和能源效率没有起到应有作用。[②]

四　对碳强度作为减排目标的可行性与实现途径的研究

Jotzo 和 Pezzey 指出，碳强度是发展中国家较为可行的减排约束指标。[③] Stern 和 Jotzo 比较了中国和印度以碳强度作为减排约束指标的实施难易程度。[④] 此外，还有一些学者分别研究了一些因素对中国实现碳强度目标的影响，如王锋、冯根福研究了能源消费结构优化对实现碳强度减排目标的影响。研究发现，优化能源结构是驱动碳强度下降的有效措施。在同一种经济增速情景中，能源结构的调整幅度越大，碳强度的下降幅度就越大；在同一种能源结构调整情景中，经济增速越高，能源结构调整驱使碳强度下降的幅度就越大。[⑤] 石敏俊、周晟吕研究发现，通过发展低碳技术、推动能源利用效率提高和能源结构优化可以实现碳强度减排目标的 64%—81%，国际合作是推动低碳技术进步的重要途径。[⑥] 姚奕研究发现，外商直接投资是影响碳排放的重要因素，外商直接投资带来的技术

---

① 杨骞、刘华军：《中国二氧化碳排放的区域差异分解及影响因素——基于 1995—2009 年省际面板数据的研究》，《数量经济技术经济研究》2012 年第 5 期。

② 许广月：《碳强度俱乐部收敛性：理论与证据——兼论中国碳强度降低目标的合理性和可行性》，《管理评论》2013 年第 4 期。

③ Jotzo, F., Pezzey, J. C. V., "Optimal Intensity Targets for Greenhouse Gas Emissions Trading under Uncertainty", *Environmental and Resource Economics*, 2007, 38 (2).

④ Stern, D. I., Jotzo, F., "How Ambitious are China and India's Emissions Intensity Targets?", *Energy Policy*, 2010, 38 (11).

⑤ 王锋、冯根福：《优化能源结构对实现中国碳强度目标的贡献潜力评估》，《中国工业经济》2011 年第 4 期。

⑥ 石敏俊、周晟吕：《低碳技术发展对中国实现减排目标的作用》，《管理评论》2010 年第 6 期。

溢出效应能有效降低碳强度。[①]

第四节　文献评述及本书的研究视角

以上研究成果对于指导各级政府制定节能减排目标与政策措施发挥了重要作用，尤其是关于“资源诅咒”效应传导机制的研究对于指导资源富集地区缓解“资源诅咒”效应发挥了重要作用，也为本书的研究提供重要启示。然而，该领域研究依然存在进一步完善的空间，需加强研究从而更好地指导节能减排实践，促进经济社会的可持续发展。

首先，大多数研究忽略了中国“高碳”能源资源禀赋的现实背景及其作用。中国能源资源禀赋具有“多煤、贫油、少气”的特征，决定了一次能源供应的70%都来自煤炭，远高于29%的世界平均水平，导致中国单位能源碳强度较高，对实施节能减排战略造成阻碍。如何看待并量化中国“高碳”能源资源禀赋特征对区域经济发展与实施节能减排战略的作用将具有重要的理论与现实意义。因此，本书基于中国“高碳”能源资源禀赋这一视角研究碳强度减排目标的实现机制问题，从理论和实证两方面论证资源禀赋特征对碳强度的影响及其传导机制，从而对弱化“高碳”资源禀赋特征对实现碳强度减排目标造成的不利影响，具有较强的现实意义与政策含义，同时也在一定程度上弥补了现阶段对“资源诅咒”假说的研究只关注经济效应，而忽视环境及生态效应的空缺。

其次，基于截面数据的研究可能存在遗漏变量和模型内生性问题，而且大多数研究都忽视了不同经济体之间的空间效应，导致模型回归参数可能有偏或不一致。以上研究大多是基于截面数据的分

① 姚奕：《外商直接投资对中国碳强度的影响研究》，博士学位论文，南京航空航天大学，2012年。

析，要对模型施加严格的同质性假设，而且因模型自由度较小，引入的控制变量个数有限，可能存在遗漏变量和内生性问题。最主要的是，以上研究成果很少考虑不同经济体之间的空间效应（Spatial Effects），包括空间相关性（Spatial Dependence）和空间异质性（Spatial Heterogeneity）两方面。依据地理学第一定律：任何事物之间均存在空间相关性，且距离近的事物之间相关性更高。[①] 关于空间相关性的来源，主要有以下几个方面：①研究对象地理位置邻近。这是空间相关性最原始的定义，也是地理学第一定律的核心表达，这种情况在资源环境、地质学科中普遍存在。②客观存在的真实联系。区域经济发展存在普遍的空间关联效应，如要素尤其是资本、劳动力的跨区流动，产品与原材料的输入和输出贸易等。③溢出效应。溢出效应也被称为外部性，如人力资本投资、基础设施投资与技术研发都存在外部性特征。④测量误差。目前国内外经济统计几乎全部以行政区划为单位，而行政区划边界与数据实际边界往往不一致，导致相邻行政区的测量误差存在关联。改革开放40多年来，伴随着中国市场化改革的深入，地区间的贸易壁垒逐渐消除，强调“让市场在资源配置中起决定性作用”，未来区域经济发展的空间关联将更加紧密，这一方面提高了资源配置效率，促进了经济增长；[②] 另一方面也对传统计量经济学的适用性和科学性构成挑战。传统计量经济学及其统计检验方法，假设不同研究个体同质且彼此相互独立，也就忽略了个体之间的空间效应，如果在不考虑经济体之间相互作用的情况下使用最小乘法（OLS）估计方法，得到的回归参数可能是有偏且（或）不一致的，[③] 导致其研究成果的理论基

---

① Tobler, W. R. , “A Computer Movie Simulating Urban Growth in the Detroit Region”, *Economic Geography*, 1970, 46 (2) .

② 潘文卿：《中国的区域关联与经济增长的空间溢出效应》，《经济研究》2012年第1期。

③ 由于空间效应的存在，各样本观测值之间缺乏独立性，导致运用OLS方法估计空间误差模型得到的估计参数虽然是无偏的，但不具有有效性，而运用OLS方法估计空间滞后模型得到的估计参数不仅是有偏的，而且是不一致的。

础和现实意义减弱。针对这一问题，Anselin[①]、Anselin 和 Bera[②] 提出系统的空间计量经济学理论，将不同个体之间的空间关联效应和个体异质性纳入计量经济学的分析框架，并在模型构建、参数估计、检验推断等方面做出改进，使之适应空间计量经济学理论和应用发展的需要。近年来，空间计量经济学得到了快速发展，其应用领域也从最初的区域经济增长[③]扩展到其他领域，如社会网络研究[④]。本书在综合空间计量理论与传统面板数据模型各自优点的基础上构建空间面板数据模型，兼顾数据时间和空间的二维性，不仅能很好地控制个体异质性特征，而且可以引入更多的控制变量，在一定程度上解决了遗漏变量和模型内生性问题，又将截面维度的省际空间关联效应纳入模型，使研究成果具有更坚实的理论基础和现实意义。模型估计参数也因样本容量增大而更加稳健、有效。

最后，以上研究都没有考虑碳排放权的省际分配问题。无论是全球气候谈判还是一国之内的减排政策，其核心都是如何公平、高效地分配有限的碳排放资源。虽然中国依据现实国情，提出以碳强度作为减排约束指标，但由于各省份 GDP 差距悬殊，各省份碳强度与全国碳强度之间存在非线性的关系，各省份碳强度的简单线性加总并不等同于全国碳强度。因此，碳强度减排约束指标在实施过程中最终还要转化为碳排放总量指标并进行分配。具体而言，在中国碳强度减排目标和 GDP 总量一定的情况下，各省份所能排放的碳总量也是一定的，某一省份获得的碳排放权多，其余省份获得的碳排放权就要减少，各省份在碳排放权的分配问题上存在“零和博弈”

---

① Anselin, L., *Spatial Econometrics: Methods and Models*, Berlin: Springer, 1988.

② Anselin, L., Bera, A. K., “Spatial Dependence in Linear Regression Models with an Introduction to Spatial Econometrics”, *Statistics Textbooks and Monographs*, 1998 (155).

③ Arbia, G., Piras, G., “Convergence in Per – Capita GDP across European Regions Using Panel Data Models Extended to Spatial Autocorrelation Effects”, *Institute for Studies and Economic Analyses Working Paper*, 2005 (51).

④ Lee, L. F., Liu, X., Lin, X., “Specification and Estimation of Social Interaction Models with Network Structures”, *The Econometrics Journal*, 2010, 13 (2).

的困境，由此产生的利益冲突将不可避免。此外，这一特征还导致传统 DEA 模型在评价碳排放权的分配效率时失效，因为各省份碳排放权之间的相关性使得决策单元依据传统 DEA 模型得到的效率值和松弛变量在调整时会突破碳排放权总量既定的限制。鉴于此，本书运用零和收益—数据包络分析方法（Zero Sum Gains - Data Envelopment Analysis，ZSG - DEA）研究"十二五"期间碳强度减排目标约束下碳排放权的省际分配问题，并与其他原则分配结果及各省份实际排放数据对比，分析各省份在不同原则下获得的碳排放权及减排压力的变化，为中国未来实施碳排放权的省际分配提供理论方法和实证依据。

第三章　资源禀赋影响碳强度的理论模型与分析框架

正如第二章第四节所述，以往学者对碳强度的研究大多局限于经济社会因素，如人均收入、产业结构、人口规模、技术水平等，忽略了自然资源尤其是能源资源禀赋对碳强度的影响，而事实上能源资源禀赋通过产业结构、能源消费结构等途径对碳强度产生重要影响。能源资源丰富地区的碳强度较高，一方面是这些地区大多以资源开发为主导产业，单位产值能耗较高，导致碳强度较高；[①] 另一方面中国能源资源的价格被人为压低，企业从节约成本的角度考虑，通常以相对低廉的能源要素投入代替相对昂贵的设备与技术投入，导致能源消费上升，进一步促使碳强度上升。此外，丰富的资源禀赋降低了当地企业从事研发及技术更新的动力，对资源产业产生严重依赖，最终导致资源富集地区形成“高碳”的经济发展模式与路径。本章构建资源禀赋影响碳强度的理论模型与分析框架，并引入中介变量，从理论层面分析资源禀赋对碳强度的影响及其传导机制。

第一节　资源禀赋影响碳强度的理论模型

碳强度即单位GDP排放的碳量，据此建立资源禀赋与碳强度之

---

① 岳超等：《1995—2007年我国省份碳排放及碳强度的分析——碳排放与社会发展Ⅲ》，《北京大学学报》（自然科学版）2010年第4期。

间关系的理论模型：

$$CI = \frac{g[f(\cdot), Z(RE)]}{f(\cdot)} \tag{3-1}$$

式中，CI 表示碳强度；RE 表示资源禀赋（系数）[①]，用于度量各省份能源资源的丰裕程度；$f(\cdot) = f[L, RE, X(RE)]$，为生产函数，即 GDP 受劳动力数量($L$)、资源禀赋($RE$)的影响[②]。其中，资源禀赋($RE$)对生产函数 $f(\cdot)$ 的影响包括以生产要素投入形式产生的直接效应及通过中介变量(X)产生的间接效应。能源资源作为一种生产要素，本书假设其符合生产函数的经典假设，即满足 $f(\cdot)|_{RE=0} = 0$、一阶导数 $f_{RE}(\cdot) > 0$、二阶导数 $f_{RE,RE}(\cdot) < 0$，说明能源资源投入的边际产品为正，但具有递减的趋势；$g(\cdot)$ 为碳排放函数，受经济总量 $f(\cdot)$、资源禀赋（RE）的影响[③]，资源禀赋不直接对碳排放产生影响，而是通过中介变量 Z 对碳排放产生影响。[④]

为分析资源禀赋对碳强度的影响，本书对碳强度（CI）求关于资源禀赋（RE）的偏导：

$$\frac{\partial CI}{\partial RE} = \frac{\partial\left\{\frac{g[f(\cdot), Z(RE)]}{f(\cdot)}\right\}}{\partial RE} = \frac{\frac{\partial g[f(\cdot), Z(RE)]}{\partial RE} \times f(\cdot) - \frac{\partial f(\cdot)}{\partial RE} \times g[f(\cdot), Z(RE)]}{f^2(\cdot)} \tag{3-2}$$

---

① 本书定义各省份煤炭（石油、天然气）开采量占全国煤炭（石油、天然气）开采量比重与各省份 GDP 占全国 GDP 比重的比值为煤炭（石油、天然气）资源禀赋系数，最后以各省份上述三种能源各自消费量占该省份煤炭、石油、天然气消费总量的年均比重为权重，对三种能源资源禀赋系数加权求和得到综合资源禀赋系数，简称资源禀赋系数，以此度量各省份能源资源的丰裕程度，具体计算方法见本书第四章第四节。

② 生产函数 $f(\cdot)$ 也受到技术进步、资本、制度等因素的影响，本书将这些因素归为中介变量。

③ 碳排放函数 $g(\cdot)$ 也受到技术进步、能源价格等因素的影响，本书将这些因素归为中介变量。

④ 资源禀赋可能通过不同的中介变量影响经济增长和碳排放，故而本书采用中介变量 X 和 Z 加以区分。

因为生产函数$f(\cdot)$严格为正，所以$f^2(\cdot)$严格为正，$\frac{\partial CI}{\partial RE}$的符号只取决于其分子部分的符号。因此，下面将其分子取出来单独分析。

依据运算法则，对一个多项式乘以一个正数，不会改变其符号。对$\frac{\partial g[f(\cdot), Z(RE)]}{\partial RE} \times f(\cdot) - \frac{\partial f(\cdot)}{\partial RE} \times g[f(\cdot), Z(RE)]$乘以正数$\frac{RE}{f(\cdot) \times g[f(\cdot), Z(RE)]}$①，可将式（3－2）分子部分转化为：

$$\frac{\frac{\partial g[f(\cdot), Z(RE)]}{\partial RE} \times RE}{g[f(\cdot), Z(RE)]} - \frac{\frac{\partial f(\cdot)}{\partial RE} \times RE}{f(\cdot)}$$

$$= \frac{\frac{\partial g[f(\cdot), Z(RE)]}{g[f(\cdot), Z(RE)]}}{\frac{\partial RE}{RE}} - \frac{\frac{\partial f(\cdot)}{f(\cdot)}}{\frac{\partial RE}{RE}} \quad (3-3)$$

不同能源品种的碳排放系数不同，依据中国科学院可持续发展战略研究组的研究结论，即释放1标准煤热量的煤炭排放的二氧化碳量分别是石油和天然气的1.28倍和1.67倍，② 假设煤炭、石油和天然气对经济增长的贡献只与其热量多少有关，而与能源的种类无关，即释放单位热量的煤炭、石油和天然气对经济增长具有相同的效应。因此，随着资源禀赋RE上升，碳排放增加的比例将大于其带来的GDP增加的比例，即碳排放的资源禀赋弹性大于GDP的资源禀赋弹性：

$$\frac{\frac{\partial g[f(\cdot), Z(RE)]}{g[f(\cdot), Z(RE)]}}{\frac{\partial RE}{RE}} > \frac{\frac{\partial f(\cdot)}{f(\cdot)}}{\frac{\partial RE}{RE}} \quad (3-4)$$

---

① 因为资源禀赋RE严格为正，且生产函数$f(\cdot)$和碳排放函数$g(\cdot)$都严格为正，因而$\frac{RE}{f(\cdot) \times g[f(\cdot), Z(RE)]}$严格为正。

② 中国科学院可持续发展战略研究组：《中国可持续发展战略报告2009——探索中国特色的低碳道路》，科学出版社2009年版，第69页。

进一步推导得：

$$\frac{\dfrac{\partial g\,[f\,(\cdot),\ Z\,(RE)]}{g\,[f\,(\cdot),\ Z\,(RE)]}}{\dfrac{\partial RE}{RE}}-\frac{\dfrac{\partial f\,(\cdot)}{f\,(\cdot)}}{\dfrac{\partial RE}{RE}}>0 \tag{3-5}$$

即：

$$\frac{\partial g[f(\cdot),\ Z(RE)]}{\partial RE}\times f(\cdot)-\frac{\partial f(\cdot)}{\partial RE}\times g[f(\cdot),\ Z(RE)]>0 \tag{3-6}$$

最终证明：$\frac{\partial CI}{\partial RE}>0$ （3-7）

以上分析表明，资源禀赋上升，即资源禀赋含碳量的上升导致碳强度上升。由此可见，“多煤、贫油、少气”的“高碳”资源禀赋特征构成中国实施节能减排与可持续发展战略的先天障碍。因此，本书基于资源禀赋约束视角研究碳强度减排目标的实现机制问题，对于弱化“高碳”资源禀赋特征对实现碳强度减排目标造成的不利影响，进而促进经济社会的可持续发展具有重要的理论与现实意义，同时也弥补了以往学者对“资源诅咒”假说的研究大多关注经济效应，而忽视环境及生态效应的空缺。

第二节　资源禀赋影响碳强度的基本分析框架

对碳强度指标进行简单的因素分解可得：

$$CI=\frac{C}{Y}=\frac{E}{Y}\times\frac{C}{E} \tag{3-8}$$

式中，CI 为碳强度，C 为碳排放，Y 为国内生产总值，E 为能源消费总量（$\frac{E}{Y}$为能源强度，主要由技术水平和产业结构决定），

$\frac{C}{E}$为单位能源碳强度[①]（主要由能源消费结构和能源清洁利用技术水平决定）。由此可见，资源禀赋并不直接影响碳强度，而是通过影响经济增长和碳排放进而间接影响碳强度。

经济增长作为影响碳强度的因素之一，很大程度上受资源禀赋特征的影响。绝大部分经验研究表明“资源诅咒”现象客观存在，也有少数学者的研究结论表明，“资源诅咒”假说并不成立，这与所选的自然资源种类、研究样本、时间段及计量模型的类型等因素密切相关。

资源禀赋还通过影响碳排放间接影响碳强度。结合以上分析，本书提出资源禀赋影响碳强度的基本分析框架（见图3－1）。

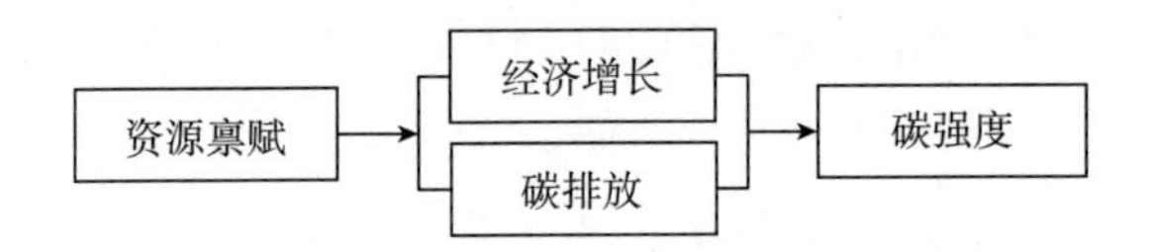

图3－1　资源禀赋影响碳强度的基本分析框架

资源禀赋通过经济增长和碳排放影响碳强度，但这种传导机制的构建并不彻底，因为经济增长和碳排放也只是资源禀赋通过其他途径作用的结果。因此，只有进一步细分、选择中介变量，分析资源禀赋通过中介变量影响经济增长和碳排放，进而影响碳强度的传导机制，才能清晰地分析资源禀赋对碳强度影响的大小、方向及作用机理。本章接下来的两节将从理论层面，分别构建资源禀赋通过一系列中介变量影响经济增长和碳排放，进而影响碳强度的传导机制。

---

① 单位能源碳强度指释放单位热量的某种能源排放的二氧化碳量，区别于本书重点研究的碳强度，后者表示单位GDP排放的二氧化碳量。

第三节　资源禀赋通过经济增长影响碳强度的传导机制

本章第一节和第二节分别构建了资源禀赋影响碳强度的数理模型和基本分析框架，但并没有对资源禀赋影响碳强度的传导机制做进一步的细分。本节和下一节将分别构建资源禀赋通过中介变量影响经济增长和碳排放，进而影响碳强度的传导机制①。需要指出的是，在碳排放一定的情况下，碳强度与经济增长成反比。因此，若资源禀赋通过中介变量促进经济增长，将导致碳强度下降，有利于减排目标的实现；反之，若资源禀赋通过中介变量阻碍经济增长，将导致碳强度上升，不利于减排目标的实现。

一　中介变量的选择及理论基础

依据以上分析，建立资源禀赋与经济增长之间关系的理论模型：

$$f(\cdot)=f[L, RE, X(RE)] \tag{3-9}$$

式中，$f(\cdot)$ 为生产函数，用来表示经济总量（具体以 GDP 来衡量）②，受劳动力数量 L、资源禀赋 RE 及中介变量 X 的影响。其中，资源禀赋 RE 不仅以生产要素投入的形式对经济增长产生直接效应，还通过中间变量 X 对经济增长产生间接效应。

依据“资源诅咒”假说及以往学者的研究成果，本书选取的中介变量包括实物资本投资（*PCI*）、人力资本投资（*HCI*）、企业研发投入（*RD*）、制造业发展水平（*MA*）、政府干预程度（*GI*）、外商直接投资（*FDI*）。资源禀赋对经济增长的影响等于直接效应与间

---

① 本章只是从理论层面及作用机理角度分析资源禀赋对碳强度的影响，而非从量的角度考虑。因此，本节只分析资源禀赋通过经济增长对碳强度的影响，而将资源禀赋通过碳排放对碳强度的影响视为常量，后者将在下一节中分析。

② 这里以 GDP 代表经济增长，而没有采取人均 GDP 或 GDP 增长率，只是出于简化分析过程的考虑，但并不影响理论分析的结论。

接效应的加总。因此，对式（3－9）进行复合函数链式求导得到资源禀赋对经济增长的效应：

$$
\begin{aligned}
\frac{\mathrm{d}f(\cdot)}{\mathrm{d}RE} = & \frac{\partial f(\cdot)}{\partial RE} + \frac{\partial f[L,RE,PCI(RE)]}{\partial PCI} \times \frac{\partial PCI}{\partial RE} \\
& + \frac{\partial f[L,RE,HCI(RE)]}{\partial HCI} \times \frac{\partial HCI}{\partial RE} \\
& + \frac{\partial f[L,RE,RD(RE)]}{\partial RD} \times \frac{\partial RD}{\partial RE} \\
& + \frac{\partial f[L,RE,MA(RE)]}{\partial MA} \times \frac{\partial MA}{\partial RE} \\
& + \frac{\partial f[L,RE,GI(RE)]}{\partial GI} \times \frac{\partial GI}{\partial RE} \\
& + \frac{\partial f[L,RE,FDI(RE)]}{\partial FDI} \times \frac{\partial FDI}{\partial RE} \\
= & \frac{\partial f(\cdot)}{\partial RE} + \sum_{i=1}^{6} \frac{\partial f[L,RE,X_i(RE)]}{\partial X_i} \times \frac{\partial X_i}{\partial RE} \qquad (3-10)
\end{aligned}
$$

式中，$\frac{\partial f(\cdot)}{\partial RE}$为资源禀赋对经济增长的直接效应，主要指能源资源以生产要素投入的形式直接带来的经济增长；$X_i(i=1,2,3,4,5,6)$为中介变量，分别代表实物资本投资（*PCI*）、人力资本投资（*HCI*）、企业研发投入（*RD*）、制造业发展水平（*MA*）、政府干预程度（*GI*）、外商直接投资（*FDI*），$\frac{\partial f[L,RE,X_i(RE)]}{\partial X_i} \times \frac{\partial X_i}{\partial RE}$为资源禀赋通过中介变量（$X_i$）对经济增长产生的间接效应，$\sum_{i=1}^{6} \frac{\partial f[L,RE,X_i(RE)]}{\partial X_i} \times \frac{\partial X_i}{\partial RE}$为资源禀赋通过中介变量对经济增长产生的间接效应的总和。

中介变量的选择至关重要，须建立在坚实的经济学理论基础之上，且通过实证检验。本书选择实物资本投资（*PCI*）、人力资本投资（*HCI*）、企业研发投入（*RD*）、制造业发展水平（*MA*）、政府干预程度（*GI*）、外商直接投资（*FDI*）六个因素作为中介变量的理论分析如下。

实物资本投资（*PCI*）：实物资本投资对经济增长的重要性毋庸置疑，尤其对于发展中国家而言，实物资本投资是建立完备工业体系和促进经济“起飞”的前提条件。Gylfason 指出，丰富的资源禀赋使得仅依靠对资源的简单开发和出口就可以获得财富，降低了经济体储蓄和投资的动机，[①] 因而会对实物资本投资形成阻碍，王思博（2017）基于中国西部 12 个省份 2003—2014 年的数据也证实了这一结论。[②] 因此，丰富的资源禀赋通过对实物资本投资产生“挤出效应”，进而对经济增长形成阻碍作用，导致碳强度上升，不利于减排目标的实现。本书以各省份固定资产投资总额占其 GDP 的比重度量实物资本投资水平的高低，并预期资源禀赋通过对实物资本投资产生“挤出效应”进而阻碍经济增长，促进碳强度上升。

人力资本投资（*HCI*）：内生增长理论强调人力资本投资与实物资本投资的不同之处在于前者具有正外部性，是克服边际报酬递减规律，进而保持经济长期增长的重要因素之一。Papyrakis 和 Gerlagh 指出，资源丰富地区一般以资源产品初级加工、出口为主导产业，产品工序简单、技术含量较低，对高素质人才需求较少；[③] Boschini 等指出，资源开发对劳动力的大量需求使得工资上升，接受教育的机会成本上升，导致人力资本投资下降。[④] 因此，丰富的资源禀赋通过对人力资本投资产生“挤出效应”，进而阻碍经济增长，导致碳强度上升，不利于减排目标的实现。本书采用生源地方法统计普通高校人数占全省总人口的比重度量人力资本投资水平的高低，并预期资源禀赋通过对人力资本投资产生“挤出效应”，进而阻碍经济增长，促进碳强度上升。

企业研发投入（*RD*）：Papyrakis 和 Gerlagh 指出，资源富集地区

---

① Gylfason, Thorvaldur, “Nature, Power and Growth”, *Scottish Journal of Political Economy*, 2001, 48 (5).

② 王思博：《能源丰度对西部地区经济增长的影响——基于空间面板计量模型的实证考察》，《山西财经大学学报》2017 年第 7 期。

③ Papyrakis, E., Gerlagh, R., “Resource Abundance and Economic Growth in the United States”, *European Economic Review*, 2007, 51 (4).

④ Boschini, A., Pettersson, J., Roine, J. “The Resource Curse and Its Potential Reversal”, *World Development*, 2013, 43.

大多以初级产品加工、出口为主导产业，短期内获得的高额资源租金吸引有创新意识和创新能力的企业家转移到资源初级开发产业，降低了企业创新与研发的动力和积极性，[①] 而资源匮乏地区的企业为了节约资源及提高产品竞争力，通常投资研发的热情较高，这说明丰富的能源资源作为一种先天禀赋，在提升短期经济绩效的同时却对经济的长期增长造成阻碍，导致碳强度上升，不利于减排目标的实现。本书以各省份企业研发投入占其 GDP 的比重度量企业研发投入的强度，并预期资源禀赋通过对企业研发投入产生“挤出效应”进而阻碍经济增长，促进碳强度上升。

制造业发展水平（*MA*）：制造业具有的规模经济、技术溢出、“干中学”等正外部性及对相关产业的带动作用是经济长期增长的动力之一，而且制造业产品的价格相对于初级产品也较高，具有更高的附加值。“资源诅咒”假说认为，资源丰富地区对资源产业的过度依赖会阻碍制造业的发展，这种现象被称为“荷兰病”效应（The Dutch Disease）或去工业化现象（De - industrialization）。丰富的资源禀赋通过阻碍制造业的发展间接阻碍经济增长，导致碳强度上升，不利于减排目标的实现。本书以各省份制造业产值占其 GDP 的比重度量制造业发展水平的高低，并预期资源禀赋通过对制造业发展产生“挤出效应”进而阻碍经济增长，促进碳强度上升。

政府干预程度（*GI*）：“资源诅咒”假说认为，自然资源禀赋带来的高额租金会加重政府对经济的干预程度，引发政治制度质量弱化，甚至滋生寻租与腐败行为，进而阻碍经济增长；[②] 政府的“攫取之手”成为诱发“资源诅咒”效应的重要因素。[③] 现实中某些资源大省出现“系统性、塌方式”腐败现象也在一定程度上印证了本

---

① Papyrakis, E., Gerlagh, R., “Resource Abundance and Economic Growth in the United States”, *European Economic Review*, 2007, 51 (4).

② 邓明、魏后凯：《自然资源禀赋与中国地方政府行为》，《经济学动态》2016 年第 1 期。

③ 文雁兵：《发展型政府的阵痛：名义攫取之手与资源诅咒效应》，《经济社会体制比较》2018 年第 5 期。

书引入政府干预程度作为中介变量的必要性和合理性。因此，丰富的资源禀赋通过加重政府对经济的干预程度，引发政治制度质量弱化，甚至滋生腐败进而阻碍经济增长，导致碳强度上升，不利于减排目标的实现。本书以各省份行政性收费占其省级政府财政收入的比重度量政府对经济的干预程度，并预期资源禀赋通过强化政府对经济的干预程度进而阻碍经济增长，促进碳强度上升。

外商直接投资（*FDI*）：改革开放以来，外商直接投资对中国经济发展起到了重要促进作用，不仅为中国经济发展提供所需的资本，也在一定程度上促进了本土企业技术与管理水平的提高。“资源诅咒”假说认为，资源输出导致外币大量流入，使得本币升值，不利于吸引外商投资；而且资源丰富的地区一般存在产业结构单一[①]、行政色彩浓重甚至寻租与腐败风气猖獗、教育和科技发展落后，以及自然资源开发引发的生态环境恶化等问题，使得这些地区在吸引外资方面处于劣势。具体到中国国情和能源资源产业，能源资源开发作为国民经济与社会发展的基础性产业，事关国家战略安全，依据法律规定，一般由国有企业或民营企业经营，外资进入门槛较高。因此，丰富的资源禀赋通过阻碍外资流入进而阻碍经济增长，导致碳强度上升，不利于减排目标的实现。本书以各省份外商直接投资总额占其 GDP 的比重作为外商直接投资的代理变量，并预期资源禀赋通过对外商直接投资产生“挤出效应”进而阻碍经济增长，促进碳强度上升。

二　基于理论分析提出的假设

基于以上分析，本书提出以下假设，即资源禀赋通过中介变量影响经济增长，进而影响碳强度的预期效应。

假设 1：

$$\frac{\partial CI}{\partial f\left[L,\ RE,\ PCI\ (RE)\right]} \times \frac{\partial f\left[L,\ RE,\ PCI\ (RE)\right]}{\partial PCI} \times \frac{\partial PCI}{\partial RE} > 0 \tag{3-11}$$

---

① 王柏杰、郭鑫：《地方政府行为、“资源诅咒”与产业结构失衡——来自 43 个资源型地级市调查数据的证据》，《山西财经大学学报》2017 年第 6 期。

假设 2：

$$\frac{\partial CI}{\partial f\left[L, RE, HCI(RE)\right]} \times \frac{\partial f\left[L, RE, HCI(RE)\right]}{\partial HCI} \times \frac{\partial HCI}{\partial RE} > 0 \tag{3-12}$$

假设 3：

$$\frac{\partial CI}{\partial f\left[L, RE, RD(RE)\right]} \times \frac{\partial f\left[L, RE, RD(RE)\right]}{\partial RD} \times \frac{\partial RD}{\partial RE} > 0 \tag{3-13}$$

假设 4：

$$\frac{\partial CI}{\partial f\left[L, RE, MA(RE)\right]} \times \frac{\partial f\left[L, RE, MA(RE)\right]}{\partial MA} \times \frac{\partial MA}{\partial RE} > 0 \tag{3-14}$$

假设 5：

$$\frac{\partial CI}{\partial f\left[L, RE, GI(RE)\right]} \times \frac{\partial f\left[L, RE, GI(RE)\right]}{\partial GI} \times \frac{\partial GI}{\partial RE} > 0 \tag{3-15}$$

假设 6：

$$\frac{\partial CI}{\partial f\left[L, RE, FDI(RE)\right]} \times \frac{\partial f\left[L, RE, FDI(RE)\right]}{\partial FDI} \times \frac{\partial FDI}{\partial RE} > 0 \tag{3-16}$$

式（3－11）至式（3－16）表明，资源禀赋（高碳）通过一系列中介变量阻碍经济增长，进而导致碳强度上升，不利于减排目标的实现。需要特别指出的是，以上分析只是基于前人文献的研究结果，具体到不同国家或地区可能存在不同甚至截然相反的情况，例如邵帅、范美婷、杨莉莉指出，资源开采多属于资本密集型行业，大规模的资源开采可能带动固定资产投资增加，导致实物资本投资增加。[①] 在这种情况下，资源禀赋对实物资本投资不仅不会产生“挤出效应”，反而起到促进作用，资源禀赋通过促进实物资本

① 邵帅、范美婷、杨莉莉：《资源产业依赖如何影响经济发展效率？——有条件资源诅咒假说的检验及解释》，《管理世界》2013 年第 2 期。

投资进而促进经济增长，有利于碳强度的下降，即满足：

$$\frac{\partial CI}{\partial f\left[L,\ RE,\ PCI\ (RE)\right]} \times \frac{\partial f\left[L,\ RE,\ PCI\ (RE)\right]}{\partial PCI} \times \frac{\partial PCI}{\partial RE} < 0 \tag{3-17}$$

第四节　资源禀赋通过碳排放影响碳强度的传导机制

一　中介变量的选择及其理论基础

与资源禀赋对经济增长的影响分为直接效应和间接效应不同，资源禀赋对碳排放并无直接效应，但资源禀赋直接决定能源消费结构，不同能源品种的单位能源碳强度不同，释放1标准煤热量的煤炭排放的碳量分别是石油和天然气的1.28倍和1.67倍[①]。因此，资源禀赋通过能源消费结构及其他中介变量影响碳排放，进而影响碳强度。在GDP一定的情况下，碳强度与碳排放成正比。因此，若资源禀赋通过中介变量促进碳排放将导致碳强度上升，不利于减排目标的实现；反之，若资源禀赋通过中介变量抑制碳排放将导致碳强度下降，有利于减排目标的实现。

依据以上分析，建立资源禀赋与碳排放之间关系的理论模型[②]：

$$g(\cdot) = g[f(\cdot),\ Z(RE)] \tag{3-18}$$

式(3-18)中：RE表示资源禀赋系数，用于度量能源资源的丰裕程度；$g(\cdot)$为碳排放函数，受经济总量$f(\cdot)$及中介变量Z的影响。

基于以上理论分析并参考以往学者的研究成果，本书选择的中介变量包括人均收入（PI）、能源效率（EEF）、能源消费结构

① 中国科学院可持续发展战略研究组：《中国可持续发展战略报告2009——探索中国特色的低碳道路》，科学出版社2009年版，第69页。

② 尽管经济增长也影响碳强度，但本节为简化分析，只讨论资源禀赋通过碳排放对碳强度产生的影响，而将资源禀赋通过经济增长对碳强度产生的影响视为常量。

（*ESTR*）、产业结构（*ISTR*）、市场开放度（*MOP*）、外商直接投资（*FDI*）、能源价格（*EPR*）7个变量。

对式（3－18）求关于资源禀赋系数（*RE*）的偏导，可得：

$$
\begin{aligned}
\frac{\mathrm{d}g\,[f(\cdot),\ Z(RE)]}{\mathrm{d}RE} &= \frac{\partial g\,[f(\cdot),\ PI(RE)]}{\partial PI}\times\frac{\partial PI}{\partial RE} \\
&+\frac{\partial g\,[f(\cdot),\ EEF(RE)]}{\partial EEF}\times\frac{\partial EEF}{\partial RE} \\
&+\frac{\partial g\,[f(\cdot),\ ESTR(RE)]}{\partial ESTR}\times\frac{\partial ESTR}{\partial RE} \\
&+\frac{\partial g\,[f(\cdot),\ ISTR(RE)]}{\partial ISTR}\times\frac{\partial ISTR}{\partial RE} \\
&+\frac{\partial g\,[f(\cdot),\ MOP(RE)]}{\partial MOP}\times\frac{\partial MOP}{\partial RE} \\
&+\frac{\partial g\,[f(\cdot),\ FDI(RE)]}{\partial FDI}\times\frac{\partial FDI}{\partial RE} \\
&+\frac{\partial g\,[f(\cdot),\ EPR(RE)]}{\partial EPR}\times\frac{\partial EPR}{\partial RE} \\
&=\sum_{i=1}^{7}\frac{\partial g[f(\cdot),Z_i(RE)]}{\partial Z_i}\times\frac{\partial Z_i}{\partial RE}
\end{aligned}
\tag{3-19}
$$

式中，Z_i 为中介变量，分别代表人均收入（*PI*）[①]、能源效率（*EEF*）、能源消费结构（*ESTR*）、产业结构（*ISTR*）、市场开放度（*MOP*）、外商直接投资（*FDI*）、能源价格（*EPR*）7个变量。$\frac{\partial g[f(\cdot),Z_i(RE)]}{\partial Z_i}\times\frac{\partial Z_i}{\partial RE}$ 为资源禀赋通过上述某一中介变量对碳排放产生的间接效应，$\sum_{i=1}^{7}\frac{\partial g[f(\cdot),Z_i(RE)]}{\partial Z_i}\times\frac{\partial Z_i}{\partial RE}$ 为资源禀赋通过上述7个中介变量对碳排放产生的间接效应的总和。

① 本书引入人均收入作为中介变量，其目的是分析资源禀赋通过人均收入影响能源消费，进而影响碳排放，最终影响碳强度的传导机制，与上一节资源禀赋通过影响经济增长（碳强度表达式的分母部分），进而影响碳强度的传导途径不同。

本书选择人均收入（*PI*）、能源效率（*EEF*）、能源消费结构（*ESTR*）、产业结构（*ISTR*）、市场开放度（*MOP*）、外商直接投资（*FDI*）、能源价格（*EPR*）7个因素作为中介变量的理论分析如下。

人均收入（*PI*）：能源资源禀赋对人均收入具有重要影响，而人均收入通过能源消费量等途径影响碳排放。能源资源禀赋可能推动经济增长进而提高人均收入，也可能因“资源诅咒”效应降低人均收入；在人均收入较低的水平上，碳排放可能随人均收入的增加而上升，但当人均收入达到一定程度后，碳排放会随着人均收入的增加而下降，即碳排放与人均收入之间存在倒“U”形环境库兹涅茨曲线的关系。[①] 本书以各省份人均GDP作为人均收入的代理变量，尽管可以肯定资源禀赋通过人均收入对碳排放有重要影响，但难以确定其影响的具体方向。

能源效率（*EEF*）：能源资源禀赋对能源效率有重要影响，而能源效率是影响碳排放的主要因素之一，能源效率提高可有效抑制碳排放上升。一般而言，能源资源越丰富，能源效率越低，[②] 因为一般在能源资源丰富的地区，能源资源的价格较低，企业从事技术研发、提高能源效率的积极性较低，这也符合当前中国能源资源禀赋与能源效率空间分布的一般特征。中国工业部门能源消费量占能源消费总量的比重超过70%。因此，工业部门的能源效率对中国整体能源效率具有代表性，本书以1998年不变价格计算的各省份工业增加值与其工业部门能源消费量之比作为能源效率的代理变量，并预期资源禀赋通过降低能源效率促进碳排放进而对碳强度产生正效应。

能源消费结构（*ESTR*）：资源禀赋对能源消费结构具有直接决定作用，资源禀赋结构中煤炭所占比重越高，能源消费结构中煤炭

---

① 林伯强、蒋竺均：《中国二氧化碳的环境库兹涅茨曲线预测及影响因素分析》，《管理世界》2009年第4期。

② 周倩玲、方时姣：《地区能源禀赋、企业异质性和能源效率》，《经济科学》2019年第2期。

的比重也会越高，单位能源碳强度越高，导致碳排放和碳强度越高。本书以各省份煤炭消费量占其能源消费总量的比重作为能源消费结构的代理变量，并预期资源禀赋通过能源消费结构促进碳排放进而对碳强度产生正效应。

产业结构（*ISTR*）：依据比较优势原理和 H—O 要素禀赋理论，能源资源禀赋对产业结构有重要影响，能源资源丰富的地区一般倾向于发展能源资源初级加工产业，[①] 进而导致碳排放和碳强度较高。因此，本书以各省份第二产业产值占其 GDP 的比重作为产业结构的代理变量，并预期资源禀赋通过提升第二产业在国民经济中的比重促进碳排放上升，进而对碳强度产生正效应。

市场开放度（*MOP*）：市场开放度的提高对于提高经济效率、降低交易成本和促进技术扩散具有重要作用，进而有利于抑制碳排放。然而"资源诅咒"假说认为，资源丰裕的地区倾向于封闭保守，或丰富的资源禀赋可能强化政府对经济的干预程度，导致市场开放度下降。[②] 本书以各省份进出口总额占其 GDP 的比重作为市场开放度的代理变量，并预期资源禀赋通过降低市场开放度促进碳排放进而对碳强度产生正效应。

外商直接投资（*FDD*）：依据"污染天堂"假说，外商直接投资多属于污染性产业，倾向于将污染转移到环境规制标准较低的国家和地区。[③] 因此，外商直接投资会导致环境质量下降和碳排放上升。然而，外商直接投资也带来新的管理模式和先进技术，通过提高能源效率等途径抑制碳排放上升。[④] 本书以各省份外商直接投资

① 邵帅、杨莉莉：《自然资源丰裕、资源产业依赖与中国区域经济增长》，《管理世界》2010 年第 9 期。

② 文雁兵：《发展型政府的阵痛：名义攫取之手与资源诅咒效应》，《经济社会体制比较》2018 年第 5 期。

③ Brian R. Copeland and M. Scott Taylor, "North – South Trade and the Environment", *Quarterly Journal of Economics*, 1994, 109.

④ 周倩玲、方时姣：《地区能源禀赋、企业异质性和能源效率》，《经济科学》2019 年第 2 期。

占其 GDP 的比重作为外商直接投资的代理变量，但难以确定资源禀赋通过外商直接投资对碳强度影响的具体方向。

能源价格（EPR）：价格是市场经济的主要调节手段，资源禀赋对能源价格具有重要影响。一般来说，资源禀赋越丰富，资源价格越低，而能源价格的提高有利于降低碳排放和碳强度。[①] 由于现有统计体系中没有综合能源价格指标，本书以各省份燃料、动力类购进价格指数作为能源价格的代理变量，并预期资源禀赋通过降低能源价格促进碳排放进而对碳强度产生正效应。

二　基于理论分析提出的假设

基于以上理论分析，本书提出以下假设，即资源禀赋通过中介变量影响碳排放，进而影响碳强度的预期效应。

假设 7：

$$\frac{\partial CI}{\partial g[f(\cdot),\ EEF(RE)]}\times\frac{\partial g[f(\cdot),\ EEF(RE)]}{\partial EEF}\times\frac{\partial EEF}{\partial RE}>0 \quad (3-20)$$

假设 8：

$$\frac{\partial CI}{\partial g[f(\cdot),\ ESTR(RE)]}\times\frac{\partial g[f(\cdot),\ ESTR(RE)]}{\partial ESTR}\times\frac{\partial ESTR}{\partial RE}>0 \quad (3-21)$$

假设 9：

$$\frac{\partial CI}{\partial g[f(\cdot),\ ISTR(RE)]}\times\frac{\partial g[f(\cdot),\ ISTR(RE)]}{\partial ISTR}\times\frac{\partial ISTR}{\partial RE}>0 \quad (3-22)$$

假设 10：

$$\frac{\partial CI}{\partial g[f(\cdot),\ MOP(RE)]}\times\frac{\partial g[f(\cdot),\ MOP(RE)]}{\partial MOP}\times\frac{\partial MOP}{\partial RE}>0 \quad (3-23)$$

---

① 王锋、冯根福：《优化能源结构对实现中国碳强度目标的贡献潜力评估》，《中国工业经济》2011 年第 4 期。

假设11：

$$\frac{\partial CI}{\partial g[f(\cdot),\ EPR(RE)]}\times\frac{\partial g[f(\cdot),\ EPR(RE)]}{\partial EPR}\times\frac{\partial EPR}{\partial RE}>0$$

(3-24)

因为难以确定资源禀赋通过人均收入和外商直接投资影响碳排放，进而影响碳强度的具体方向，故而无法判断 $\frac{\partial CI}{\partial g[f(\cdot),\ PI(RE)]}\times\frac{\partial g[f(\cdot),\ PI(RE)]}{\partial PI}\times\frac{\partial PI}{\partial RE}$ 和 $\frac{\partial CI}{\partial g[f(\cdot),\ FDI(RE)]}\times\frac{\partial g[f(\cdot),\ FDI(RE)]}{\partial FDI}\times\frac{\partial FDI}{\partial RE}$ 的符号是正是负。

结合上述理论分析，本书提出资源禀赋影响碳强度的传导机制分析框架，见图3-2。

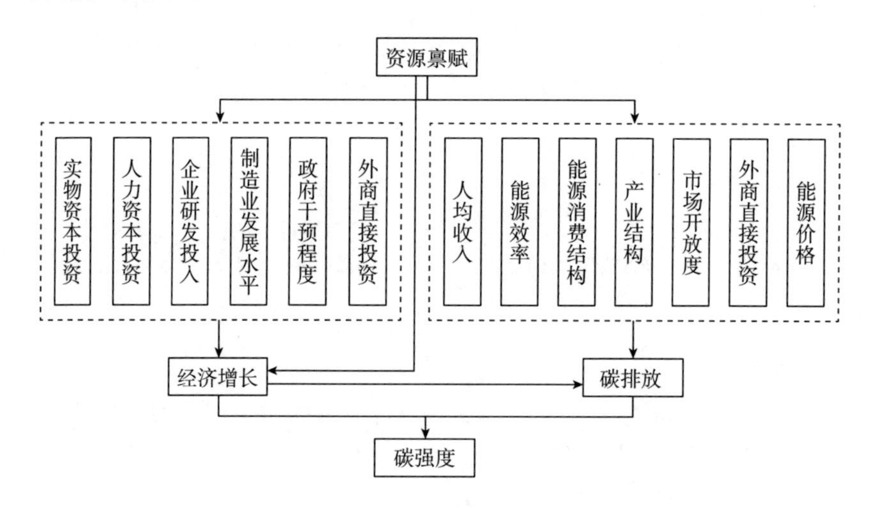

图3-2 资源禀赋影响碳强度的传导机制分析框架

第五节 本章小结

本章构建了资源禀赋影响碳强度的理论模型及传导机制分析框

架，引入实物资本投资（*PCI*）、人力资本投资（*HCI*）、企业研发投入（*RD*）、制造业发展水平（*MA*）、政府干预程度（*GI*）、外商直接投资（*FDI*）6 个中介变量，研究资源禀赋通过经济增长影响碳强度的传导机制；引入人均收入（*PI*）、能源效率（*EEF*）、能源消费结构（*ESTR*）、产业结构（*ISTR*）、市场开放度（*MOP*）、外商直接投资（*FDI*）、能源价格（*EPR*）7 个中介变量，研究资源禀赋通过碳排放影响碳强度的传导机制。通过以上分析，构建了本书清晰的研究框架，从理论层面分析了资源禀赋影响碳强度的传导机制，为后面章节实证检验奠定理论基础。

第四章　中国省际碳强度的比较及收敛性分析

制定科学合理的区域减排目标及政策措施，要求决策者对省际碳排放指标如碳排放总量、人均碳排放量和碳强度的现状及未来变化趋势有科学、准确的研判。因此，本章比较省际碳排放、碳强度的大小，还将在分析省际碳强度空间相关性的基础上构建空间面板数据模型研究其收敛性特征。进行这一系列分析的前提是碳排放、碳强度相关数据的获取。

第一节　碳排放的计算方法

碳排放数据是开展有关节能减排研究的基础，但目前中国还没有关于碳排放数据的权威统计资料，一些国际知名的研究机构如美国橡树岭国家实验室碳信息分析中心（Carbon Dioxide Information Analysis Center，CDIAC）、世界资源研究所（World Resources Institute，WRI）、国际能源署（International Energy Agency，IEA）等发布的碳排放数据虽具有一定可信性，但只有国家层面的数据，没有中国各省份碳排放的数据。因此，关于中国各省份碳排放的数据，大多都是研究者基于各省份能源消费数据测算得到的，这就涉及碳排放的计算方法问题。政府间气候变化专门委员会于 2006 年编制的《IPCC 国家温室气体清单指南》中共介绍三种方法用于计算固定排放源和移动排放源产生的二氧化碳排放量。此外，《IPCC 国家温室气体清单指南》第二卷（能源）第六章还提供了一种参考方法，用于计算化石能源消费产生的二氧化碳排放量，并指出该参考方法是一种根据相对容易获得的能源供应统计资料就可采用的简易方法。对排放源进行“固定”和“移动”类别的划分使计算过程复杂，为减少计算量及出于数据可得性方面的考虑，本书采取参考方法计算各省份碳排放量。具体计算方法：

$$C_t = \sum_{i=1}^{3} C_{i,t} = \sum_{i=1}^{3} E_{i,t} \times NCV_i \times CEF_i \times COF_i \times \frac{44}{12} \qquad (4-1)$$

式中，C 为各省份碳排放量，$i=1$，2，3 分别代表不同的能源种类，即原煤、原油和天然气，E 表示这些不同种类能源的消费量（原煤、原油单位为万吨，天然气单位为亿立方米），NCV、CEF、COF 分别为原煤、原油和天然气的平均低位发热值、碳排放系数和氧化率，44 和 12 为二氧化碳和碳的分子量。由于中国特殊的资源禀赋特征，《IPCC 国家温室气体清单指南》中提供的不同种类能源的平均低位发热值、碳排放系数和氧化率等参数不一定适用于中国。陈诗一依据中国资源禀赋特征对这些参数进行了修正，[①] 详见表 4－1，本书采用其研究成果。

表 4－1　中国原煤、原油和天然气的平均低位发热值、氧化率与碳排放系数等参数取值

<table>
<tr><th colspan="2" rowspan="2">能源种类</th><th colspan="2">中国能源平均低位发热值</th><th colspan="2">IPCC（2006）碳排放系数</th><th rowspan="2">氧化率</th><th colspan="2">各种能源折算标准煤系数</th><th colspan="2">估算的中国能源碳排放系数</th></tr>
<tr><th>数值</th><th>单位</th><th>数值</th><th>单位</th><th>数值</th><th>单位</th><th>数值</th><th>单位</th></tr>
<tr><td rowspan="3">原煤</td><td>烟煤</td><td rowspan="3">20908</td><td rowspan="4">千焦/千克</td><td>25.8</td><td rowspan="5">千克/10^6千焦</td><td rowspan="3">0.99</td><td rowspan="3">0.7143</td><td rowspan="4">千克标准煤/千克</td><td rowspan="3">2.763</td><td rowspan="5">千克/千克标准煤</td></tr>
<tr><td>无烟煤</td><td>26.8</td></tr>
<tr><td>加权平均</td><td>26.0</td></tr>
<tr><td colspan="2">原油</td><td>41816</td><td>20.0</td><td>1</td><td>1.4286</td><td>2.145</td></tr>
<tr><td colspan="2">天然气</td><td>38931</td><td>千焦/$米^3$</td><td>15.3</td><td>1</td><td>1.3300</td><td>千克标准煤/$米^3$</td><td>1.642</td></tr>
</table>

注：各种能源消费量折算为以标准煤为单位，折算系数来源于《中国能源统计年鉴（2007）》。

① 陈诗一：《节能减排、结构调整与工业发展方式转变研究》，北京大学出版社 2011 年版，第 44 页。

第二节　中国及各省份碳排放变化趋势分析

重庆在 1997 年成为直辖市，为保证数据的完整性与可比性，本书将 1998 年作为研究起始年，研究时段为 1998—2016 年。此外，基于数据可得性和可比性的考虑，香港、澳门、台湾和西藏不在本书研究范围之列。本书依据式（4－1）和表 4－1 计算出中国及各省份的碳排放总量。

一　中国碳排放的变化趋势分析

经济增长引发能源消费增加是导致碳排放增加的直接原因，为分析三者之间的关系，本书将其变化趋势绘制成折线图（见图 4－1）。

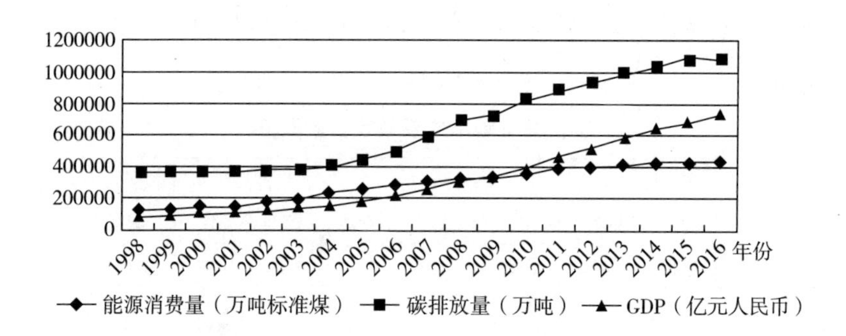

图 4－1　1998—2016 年中国经济增长、能源消费和碳排放变化趋势

资料来源：依据《中国统计年鉴》（1999—2017）、《中国能源统计年鉴》（1999—2017）整理得到。

从图 4－1 可以看出，1998—2016 年，中国经济实现快速增长，GDP 由 1998 年的 8.44 万亿元（按当年价格，下同）增长到 2016 年的 74.35 万亿元，经济总量跃居全球第二位。然而，依靠投资和出口拉动的粗放型经济增长方式，具有典型的“高投入、高能耗、高排放”特征和不可持续性，表现为随着中国经济的快速增长，能源消费量和碳排放量急剧上升，分别由 1998 年的 13.20 亿吨标准煤、37.34 亿吨二氧化碳增长到 2016 年的 43.62 亿吨标准煤、109.92 亿吨二氧化碳，中国面临的能源安全隐患和资源环境压力日益加大，成为制约经济社会发展的重要因素。

二　各省份碳排放的变化趋势与比较

各省份碳排放量部分数据见表 4－2。1998—2016 年各省份的碳排放量见附录 1。

表 4－2　　1998—2016 年中国各省份碳排放量

（以三年为间隔）　　单位：10^8 吨二氧化碳

省份 \ 年份	1998	2001	2004	2007	2010	2013	2016
北京	0.833	0.921	1.052	1.228	1.447	1.536	1.686
天津	0.745	0.614	0.702	0.877	1.228	1.544	1.740
河北	2.412	2.412	2.719	4.210	6.402	7.96	8.739
山西	1.710	1.754	2.236	2.982	3.552	4.143	4.548
内蒙古	0.833	0.877	1.052	2.105	2.982	4.282	4.701
辽宁	2.236	1.929	2.280	2.806	3.815	4.608	5.059
吉林	1.228	1.009	1.052	1.403	2.017	2.188	2.402
黑龙江	1.359	1.272	1.228	1.403	1.710	1.955	2.147
上海	1.052	1.228	1.447	1.842	2.368	2.746	3.015
江苏	2.193	2.105	2.236	3.552	5.394	6.378	7.001
浙江	1.316	1.359	1.754	2.631	3.684	4.19	4.600
安徽	1.184	1.228	1.403	1.535	1.929	2.514	2.760
福建	0.658	0.745	0.877	1.272	2.017	2.607	2.862
江西	0.789	0.658	0.702	1.009	1.403	1.629	1.789
山东	2.236	2.456	2.456	4.254	7.104	8.566	9.403
河南	1.886	1.929	2.193	3.420	5.043	6.005	6.592
湖北	1.710	1.842	1.886	2.631	3.684	4.003	4.395
湖南	1.623	1.447	1.316	1.973	2.982	3.305	3.628
广东	1.929	2.105	2.587	3.859	5.788	6.47	7.103

续表

省份＼年份	1998	2001	2004	2007	2010	2013	2016
广西	0. 921	0. 833	0. 921	1. 272	1. 929	2. 188	2. 402
海南	0. 088	0. 088	0. 132	0. 263	0. 219	0. 326	0. 358
四川	2. 587	2. 806	2. 587	3. 990	5. 131	6. 331	6. 950
贵州	0. 965	1. 184	1. 316	1. 798	2. 061	2. 188	2. 402
重庆	0. 921	1. 140	1. 272	1. 710	1. 973	2. 141	2. 351
云南	0. 965	1. 009	1. 052	1. 052	2. 587	2. 979	3. 270
陕西	0. 921	0. 877	0. 877	1. 228	1. 579	2. 281	2. 504
甘肃	0. 789	0. 702	0. 789	1. 009	1. 228	1. 489	1. 635
青海	0. 219	0. 219	0. 263	0. 395	0. 526	0. 698	0. 767
宁夏	0. 219	0. 307	0. 570	0. 877	0. 789	0. 978	1. 073
新疆	0. 745	0. 789	0. 833	1. 009	1. 316	1. 909	2. 095

资料来源：依据《中国能源统计年鉴》（1999—2017）计算得到。

从表 4 - 2 可以看出，纵向比较，1998—2016 年，所有省份的碳排放都在不断增加，这说明对当前中国实施总量约束指标的“绝对减排”不切实际，而以碳强度为约束指标的“相对减排”兼顾经济增长与环境保护，具有较强的可行性。横向比较，1998 年二氧化碳排放前 4 位的省份分别为四川（2. 587 亿吨）、河北（2. 412 亿吨）、山东（2. 236 亿吨）、辽宁（2. 236 亿吨），二氧化碳排放后 4 位的省份分别为海南（0. 088 亿吨）、青海（0. 219 亿吨）、宁夏（0. 219 亿吨）、福建（0. 658 亿吨）；2016 年二氧化碳排放前 4 位的省份分别为山东（9. 403 亿吨）、河北（8. 739 亿吨）、广东（7. 103 亿吨）、江苏（7. 001 亿吨），二氧化碳排放后 4 位的省份分别为海南（0. 358 亿吨）、青海（0. 767 亿吨）、宁夏（1. 073 亿吨）、甘肃（1. 635 亿吨）。因此，基于以上排序可以得出结论：碳排放较高的省份一般为沿海经济大省如广东、山东、江苏，或传统工业大省如河北、辽宁，西部经济落后省份如青海、宁夏、甘肃等碳排放相对较少。

中国未来碳排放存量、增量的变化趋势及各省份面临的减排压力很大程度上取决于各省份碳排放的增长速度。为此，本书计算得到 1998—2016 年各省份碳排放年均增长率，见图 4－2。

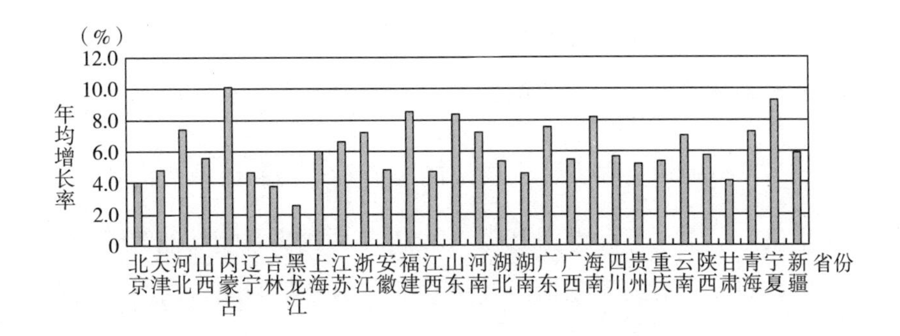

图 4－2　1998—2016 年中国各省份碳排放年均增长率

资料来源：依据《中国能源统计年鉴》(1999—2017) 整理得到。

从图 4－2 可以发现，虽然西部省份碳排放总量较少，但增长势头强劲，如内蒙古的碳排放年均增长率为 10.09%，宁夏的碳排放年均增长率为 9.22%。因此，西部地区有可能成为中国未来碳排放增加的主要“贡献者”，应引起足够的重视，并采取必要的措施遏制其碳排放过快增长的势头。

第三节　中国及各省份碳强度的变化趋势分析

一　中国碳强度的变化趋势分析

本节首先分析 1998—2016 年中国整体碳强度的变化趋势。依据碳强度的定义，用中国每年碳排放总量除以对应年份的实际 GDP，即可得到碳强度数据，单位为吨二氧化碳/万元。其中，1998—2016 年中国名义 GDP 数据来源于《中国统计年鉴》(1999—2017)，并按照 1998 年的物价水平进行调整得到实际 GDP。

为分析碳强度变化的驱动因素，本书对其进行简单的因素分解，见式（4－2）。

$$CI=\frac{C}{Y}=\frac{E}{Y}\times\frac{C}{E} \tag{4-2}$$

式中：CI 表示碳强度；C 表示碳排放；Y 表示国内生产总值；E 表示能源消费总量；$\frac{E}{Y}$为能源强度，主要由技术水平和产业结构决定；$\frac{C}{E}$为单位能源碳强度，主要由能源消费结构和能源清洁利用技术水平决定。本书计算得到 1998—2016 年中国碳强度、能源强度和单位能源碳强度的具体数值，并将其变化趋势绘制成折线图，见图 4－3。

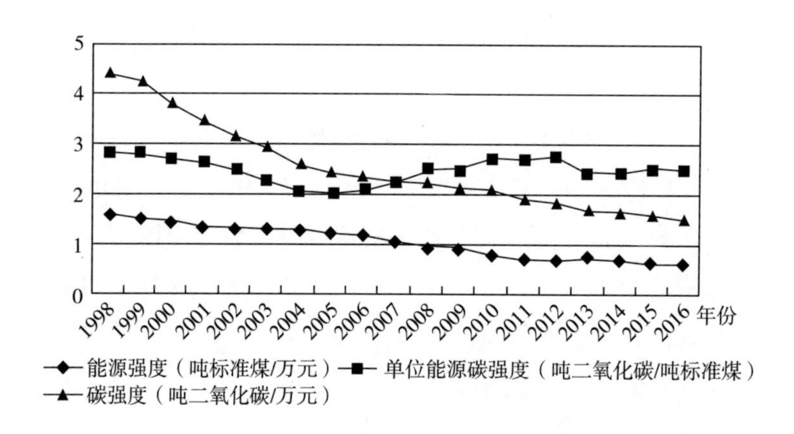

图 4－3　1998—2016 年中国碳强度、能源强度和单位能源碳强度变化趋势

资料来源：依据《中国统计年鉴》（1999—2017）、《中国能源统计年鉴》（1999—2017）整理得到。

从图 4－3 中碳强度、能源强度和单位能源碳强度的变化趋势可以看出，1998—2016 年，中国能源强度和碳强度保持下降态势，能源强度由 1998 年的 1.60 吨标准煤/万元下降到 2016 年的 0.56 吨标准煤/万元，降幅达65%；碳强度由1998年的4.52吨二氧化碳/万元下降到2016年的1.41吨二氧化碳/万元，降幅达68.81%，能源强度与碳强度的变化趋势基本一致，说明“节能”与“减排”之间具有高度的协同性与一致性，而且节能也是减排的主要途径。近年来中国采取的一系列节能减排措施取得显著成效，特别是2008年国际金融危机以来，国家大力实施产业升级转型和创新驱动发展战略，第三产业在国民经济结构中的比重上升，工业在国民经济结构中的比重下降（见图4－4），对于提高能源利用效率，降低能源强度和碳强度起到重要作用。

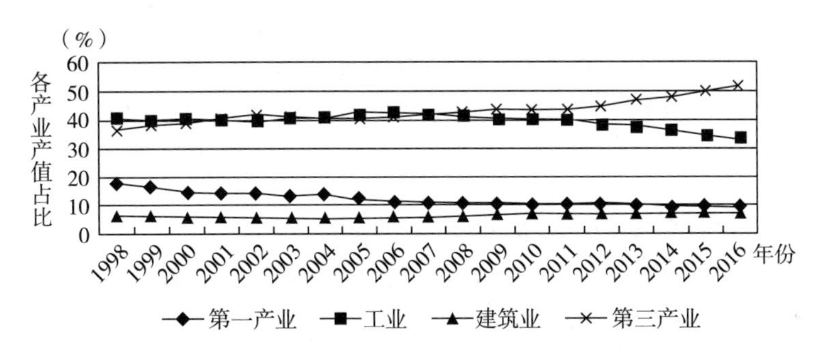

图4－4　1998—2016年中国产业结构变化趋势

资料来源：依据《中国统计年鉴》（1999—2017）整理得到。

中国作为世界上人口最多的发展中国家，以相对于发达国家相同发展阶段较为低碳的发展方式实现了跨越式发展，为其他发展中国家树立了榜样，也为全球节能减排和低碳发展做出了巨大贡献。

然而，图4－3也显示，单位能源碳强度变化幅度不大，甚至呈现“先降后升”的变化趋势，这说明尽管近年来中国努力发展水能、风能、核能等非化石能源，但受制于中国“多煤、贫油、少气”的“高碳”资源禀赋特征，以煤为主的能源消费格局没有发生根本性变化，非化石能源在能源消费总量中的比重依然偏低（见图4－5），能源消费结构变化对碳强度下降的作用不大，甚至在某些年份促进碳强度上升。这也部分证实了第三章理论模型的结论：资源禀赋中含碳量的上升导致碳强度升高，“多煤、贫油、少气”的

“高碳”资源禀赋特征构成中国实施节能减排和可持续发展战略的先天障碍。

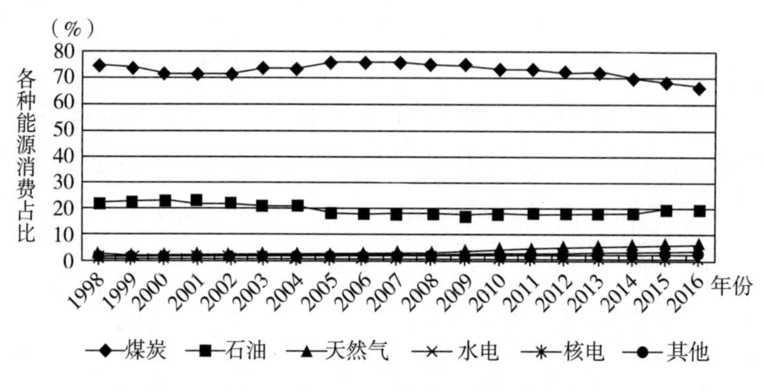

图4-5　1998—2016年中国能源消费结构变化趋势

注：依据电热当量法计算得到。

资料来源：依据《中国能源统计年鉴》(1999—2017) 整理得到。

二　各省份碳强度的变化趋势与比较

本书用1998—2016年各省份碳排放量除以对应年份的各省份实际GDP，得到各省份的碳强度数据，单位为吨二氧化碳/万元。其中，1998—2016年各省份名义GDP数据来源于《中国统计年鉴》(1999—2017)，并按照1998年的物价水平进行调整得到实际GDP。为方便省际碳强度的比较，本书将各省份碳强度绘制成柱状图。因篇幅限制，本书选取1998年、2007年、2016年各省份碳强度的柱状图，如图4-6所示，1998—2016年各省份的碳强度数据见附录2。

从图4-6可以看出，各省份碳强度的变化趋势与全国碳强度变化趋势保持一致，呈逐年下降趋势。对比不同省份碳强度柱状图的高低可以看出，1998年全国30个省份碳强度值排名前四位的省份中，山西碳强度值为11.508吨二氧化碳/万元，贵州碳强度值为11.459吨二氧化碳/万元，青海碳强度值为9.959吨二氧化碳/万元，宁夏碳强度值为9.639吨二氧化碳/万元；排名后四位的省份中，海南碳强度值为1.998吨二氧化碳/万元，福建碳强度值为2.001吨二

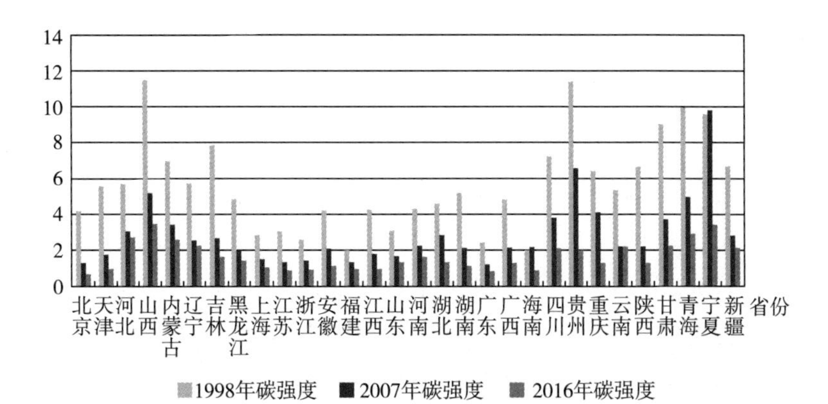

图 4－6　1998 年、2007 年、2016 年中国各省份碳强度对比

资料来源：本书依据《中国统计年鉴》（1999—2017）、《中国能源统计年鉴》（1999—2017）计算得到。

氧化碳/万元，广东碳强度值为 2. 436 吨二氧化碳/万元，浙江碳强度值为 2. 638 吨二氧化碳/万元。

2007 年碳强度值排名前四位的省份中，宁夏碳强度值为 9. 863 吨二氧化碳/万元，贵州碳强度值为 6. 557 吨二氧化碳/万元，山西碳强度值为 5. 201 吨二氧化碳/万元，青海碳强度值为 5. 036 吨二氧化碳/万元；排名后四位的省份中，广东碳强度值为 1. 241 吨二氧化碳/万元，北京碳强度值为 1. 313 吨二氧化碳/万元，福建碳强度值为 1. 375 吨二氧化碳/万元，江苏碳强度值为 1. 380 吨二氧化碳/万元。

2016 年碳强度值排名前四位的省份中，山西碳强度值为 3. 485 吨二氧化碳/万元，宁夏碳强度值为 3. 387 吨二氧化碳/万元，青海碳强度值为 2. 982 吨二氧化碳/万元，河北碳强度值为 2. 725 吨二氧化碳/万元；排名后四位的省份中，北京碳强度值为 0. 657 吨二氧化碳/万元，广东碳强度值为 0. 878 吨二氧化碳/万元，海南碳强度值为 0. 883 吨二氧化碳/万元，江苏碳强度值为 0. 905 吨二氧化碳/万元。

从以上排序可以发现，能源富集省份如山西、内蒙古、宁夏、贵州的碳强度值位居全国前列，说明这些省份经济增长方式较为粗放，在未来节能减排过程中面临较大压力；沿海经济大省如江苏、浙江、广东碳强度值较低，主要是这些省份经济总量大，且技术较为先进，产业结构较为合理，导致碳强度较低；中部省份如河南、湖南、江西、安徽的碳强度值也相对较低，主要是因为这些省份是农业大省，农业在国民经济中所占比重较高，单位 GDP 能耗较少，碳强度也相对较低。

本章第二节和第三节分别分析了中国及 30 个省份碳排放、碳强度的变化趋势。然而，更重要的是分析省际碳强度的收敛性特征，这将对中国碳排放总量及其区域分布格局的变化产生重要影响。以往学者研究这一问题时采用的收敛指标有标准差、变异系数[①]或泰尔（Theil）指数[②]等。方差和标准差只能对收敛状态进行量化，而无法说明收敛状态发生变化的具体原因；泰尔指数虽然可以将总差异分解为区域间差异和区域内部不同地区之间的差异，但却难以进一步解释区域间差异和区域内部不同地区之间差异发生变化的具体原因。另外，以往学者很少考虑不同经济体之间的空间效应，故而在模型设定方面可能存在一定缺陷。鉴于此，本章接下来将采用空间计量模型分析 1998—2016 年省际碳强度的收敛性特征，并引入相关控制变量，不仅可以检验省际碳强度是否存在条件 β 收敛特征，而且可以检验相关控制变量对碳强度作用的大小与方向。但要构建空间权重矩阵及对碳强度的空间相关性进行分析，这是构建空间计量模型的基础与前提。

第四节　空间权重矩阵的设定

构建空间计量模型的首要步骤是设定空间权重矩阵（W），这也

① 许广月：《碳强度俱乐部收敛性：理论与证据——兼论中国碳强度降低目标的合理性和可行性》，《管理评论》2013 年第 4 期。

② 孙耀华、仲伟周、庆东瑞：《基于 Theil 指数的中国省际间碳排放强度差异分析》，《财贸研究》2012 年第 3 期。

是空间计量经济学与传统计量经济学的主要区别。空间权重矩阵要求尽可能反映不同经济主体之间的空间关联信息，且必须是外生的。一般来说，同一区域不与自身空间相关。故而，空间权重矩阵 W 中主对角线上的元素 W_{ii} 为 0，而非主对角线上的元素 W_{ij}（$i \neq j$）表示区域 i 和区域 j 的空间关联信息。为减少外在影响和便于结果的解释，通常将每个元素除以其所在行各元素之和，使得 W 中每行元素之和为 1，称为空间权重矩阵 W 的行标准化。设定空间权重矩阵指标的原则分为两种，即邻近原则和距离原则。

一　邻近原则空间权重矩阵

邻近原则指若两区域相邻，则权重值设为 1，否则设为 0。依据对相邻关系的定义不同，邻近原则又可分为 Rook 原则和 Queen 原则，前者仅以拥有共同边界来定义邻居，而后者除拥有共同边界的邻居之外还包括拥有共同顶点的邻居。故而一般情况下，Queen 空间权重矩阵相对于 Rook 空间权重矩阵拥有更多的邻居，也更能体现现实中的空间关联效应。由于邻近原则空间权重矩阵计算简单，且对称排列，因此最为常用。对于主对角线上的元素，即 $i = j$ 时，$W_{ij} = 0$；对于非主对角线上的元素，即 $i \neq j$ 时，W_{ij} 的取值见式（4－3）。

$$W_{ij} = \begin{cases} 1, & \text{当区域 } i \text{ 和区域 } j \text{ 相邻} \\ 0, & \text{当区域 } i \text{ 和区域 } j \text{ 不相邻} \end{cases} \tag{4-3}$$

二　距离原则空间权重矩阵

基于距离原则的空间权重矩阵假定空间效应的强度取决于地区间的质心距离或者中心所在地的距离，也是一种在实践中经常用到的空间权重矩阵，矩阵元素的值取决于选定的函数形式，如距离的倒数 $W_{ij} = \frac{1}{d_{ij}}$、距离平方的倒数 $W_{ij} = \frac{1}{d_{ij}^2}$ 或欧氏距离的倒数等。有时为计算简单，也可以选择距离最近的 K 个邻居（一般情况下取 $K = 4$），称为 K 值最邻近矩阵（K－Nearest Neighbor Spatial Matrixs）。Pace 等提出有限距离的空间权重矩阵设定方法，即事先设定门槛距离 d，门槛距离内的空间单元权重值设定为 1，超过门槛值后，空间

权重值设定为0：①

$$W_{ij}=\begin{cases}1，当区域 i 和区域 j 在距离 d 之内\\0，当区域 i 和区域 j 在距离 d 之外\end{cases} \tag{4-4}$$

除了以空间地理关系来定义空间权重矩阵，还可以采用具有经济与社会意义的变量来设定空间权重矩阵，即经济空间权重矩阵。如根据区域间交通运输量、人均GDP等指标计算各经济主体之间的"距离"。

有时可以在模型中纳入多种空间效应，例如构建同时包含地理效应和经济效应的空间权重矩阵，即综合空间权重矩阵。相比于单纯的地理空间权重矩阵与经济空间权重矩阵，综合空间权重矩阵能够更加全面地反映相邻经济单元之间的空间关联效应。

关于空间权重矩阵的选择，目前尚无统一标准，大多都是学者根据各自研究需要以及相关数据的可得性自行选择。本书研究对象是中国30个省份，在空间分布上具有连续性，且省级行政单元地理范围广，确定中心坐标的难度较大。因此，本书采用Rook邻近原则构建地理空间权重矩阵。② 因为本书使用的是面板数据，故而需将截面数据模型中的空间权重矩阵 W_N 进行一定的转化：

$$W^D=I_T\otimes W_N \tag{4-5}$$

式中，W^D 为地理空间权重矩阵，I_T 为单位矩阵。

为了进行不同方法下测算结果的比较，本书将构建综合空间权重矩阵。就本书研究对象而言，大部分二氧化碳都是由化石能源消费产生的。因此，省际碳强度的空间相关性不仅受空间地理区位关系的影响，也在很大程度上受资源禀赋特征的影响，资源禀赋不仅通过能源消费结构、产业结构等途径影响本地区的碳强度，还通过省际能源贸易等方式影响其他地区的碳强度。依据比较优势原理和

---

① Pace, R. K., Barry, R., "Quick Computation of Spatial Autoregressive Estimators", *Geographical Analysis*, 1997, 29 (3).

② 尽管海南与广东不接壤，本书在构建空间权重矩阵时依然视其为相邻关系。

H—O 要素禀赋理论，省际资源禀赋差异越大，发生能源输入—输出联系的可能性越大，但这种联系的强度受到空间距离远近的制约。本节接下来将介绍资源禀赋丰裕度的度量指标，并在其基础上构建综合空间权重矩阵。

三　资源禀赋系数及综合空间权重矩阵的构建

以往学者通常采用初级产品产值占 GDP 比重度量一国或地区的资源丰裕度，[1] 类似的指标还有采掘业固定资产投资占固定资产投资总额的比重，[2] 或能源工业产值占工业总产值的比重等。[3] 这些指标虽具有一定的合理性，但也存在一个共同的缺陷，即指标本身的内生性问题。例如以能源工业产值占工业总产值的比重作为资源丰裕度的度量指标时，在两地区拥有相同的能源工业产值的情况下，工业总产值大的地区资源丰裕度较低。由此可见，采用这种“分式”度量指标更倾向于得到“资源诅咒”假说成立的研究结论，即“资源诅咒”效应被人为夸大。

从以上分析可知，一个合理而科学的资源禀赋度量指标要避免落入内生性陷阱。因此，本书将某一省份煤炭开采量占全国煤炭开采量比重与该省份 GDP 占全国 GDP 比重的比值作为煤炭资源禀赋系数（RE_{coal}），并采取类似的方法定义石油资源禀赋系数（RE_{oil}）和天然气资源禀赋系数（RE_{gas}），见式（4－6）。

$$RE_{i,t,l} = \frac{\dfrac{V_{i,t,l}}{V_{t,l}}}{\dfrac{Y_{i,t}}{Y_t}} \tag{4-6}$$

式中，$V_{i,t,l}$、$Y_{i,t}$分别表示第 i 个省份在 t 年第 l 种资源的开采量

① Sachs，J. D.，Warner，A. M.，“Natural Resource Abundance and Economic Growth”，*NBER Working Papers*，1995.

② 徐康宁、王剑：《自然资源丰裕程度与经济发展水平关系的研究》，《经济研究》2006 年第 1 期。

③ 胡援成、肖德勇：《经济发展门槛与自然资源诅咒——基于我国省际层面的面板数据实证研究》，《管理世界》2007 年第 4 期。

和 GDP，$V_{t,l}$、Y_t 分别表示全国在 t 年第 l 种资源的开采总量和 GDP 总量。本书构建的资源禀赋系数本质上是一个相对指标，如果 $RE \geqslant 1$，表明该省份在某种资源方面具有比较优势；如果 $0 < RE < 1$，则说明该省份在某种资源方面不具有比较优势。

以式（4－6）计算得到中国 30 个省份煤炭资源禀赋系数、石油资源禀赋系数和天然气资源禀赋系数。因篇幅限制，本书只列出 1998 年、2007 年、2016 年三种能源的资源禀赋系数（见表 4－3）。

表 4－3　1998 年、2007 年、2016 年中国各省份煤炭、石油、天然气的资源禀赋系数

资源种类 省份	煤炭资源禀赋系数			石油资源禀赋系数			天然气资源禀赋系数		
	1998 年	2007 年	2016 年	1998 年	2007 年	2016 年	1998 年	2007 年	2016 年
北京	0.306	0.243	0.094	0.000	0.000	0.000	0.000	0.000	0.000
天津	0.000	0.000	0.000	2.128	4.413	6.435	2.123	1.147	0.758
河北	1.102	0.934	0.613	0.656	0.593	0.682	0.349	0.391	0.217
山西	13.086	11.985	10.123	0.000	0.000	0.000	0.225	0.417	0.000
内蒙古	4.179	5.758	8.942	0.665	0.029	0.000	0.040	0.000	0.000
辽宁	0.910	0.946	0.586	1.997	1.481	1.441	1.880	0.886	0.253
吉林	0.999	0.795	0.756	1.321	1.558	1.789	0.757	0.414	0.806
黑龙江	2.119	1.793	1.202	10.915	10.123	8.588	3.663	2.701	1.488
上海	0.000	0.000	0.000	0.000	0.081	0.012	0.000	0.254	0.197
江苏	0.204	0.211	0.088	0.114	0.103	0.120	0.008	0.019	0.009
浙江	0.013	0.008	0.001	0.000	0.000	0.000	0.000	0.000	0.000
安徽	0.946	1.409	1.387	0.025	0.000	0.000	0.000	0.000	0.000
福建	0.157	0.157	0.240	0.000	0.000	0.000	0.000	0.000	0.000
江西	0.736	0.356	0.547	0.000	0.000	0.000	0.000	0.000	0.000
山东	0.716	1.097	0.497	1.784	1.698	1.713	0.557	0.317	0.185
河南	1.541	1.818	1.656	0.844	0.889	0.574	1.075	1.129	0.747
湖北	0.264	0.068	0.099	0.192	0.157	0.112	0.070	0.080	0.059
湖南	0.917	0.525	0.715	0.000	0.000	0.000	0.000	0.000	0.000

续表

省份＼资源种类	煤炭资源禀赋系数			石油资源禀赋系数			天然气资源禀赋系数		
	1998 年	2007 年	2016 年	1998 年	2007 年	2016 年	1998 年	2007 年	2016 年
广东	0.058	0.014	0.000	0.785	0.877	0.129	1.555	0.685	0.545
广西	0.331	0.133	0.076	0.028	0.008	0.007	0.002	0.000	0.000
海南	0.002	0.003	0.000	0.001	0.078	0.219	0.000	0.000	0.412
重庆	1.351	0.718	0.987	0.000	0.000	0.000	0.700	0.445	0.049
四川	1.071	0.566	0.635	0.054	0.020	0.023	8.271	8.150	4.680
贵州	4.469	5.633	5.023	0.000	0.000	0.000	0.457	0.188	0.024
云南	1.179	0.574	1.150	0.000	0.000	0.000	0.007	0.038	0.001
陕西	2.095	3.255	5.323	0.788	4.524	7.512	0.665	9.027	11.113
甘肃	1.559	1.859	1.388	1.079	0.553	0.332	0.175	0.059	0.036
青海	0.872	0.816	1.678	3.629	4.759	3.121	3.578	15.288	19.708
宁夏	4.639	5.742	7.458	1.969	0.000	0.088	0.563	0.000	0.000
新疆	1.795	1.212	2.214	8.128	11.018	14.092	7.123	12.123	19.473

资料来源：依据《中国统计年鉴》（1999—2017）、《中国能源统计年鉴》（1999—2017）计算得到。

从表 4－3 可以看出，中国 30 个省份三种能源的资源禀赋系数在 1998 年、2007 年、2016 年都发生一定幅度的变化，这不仅是因为各省份和全国资源开采量的变化，还由于各省份 GDP 占全国 GDP 的比重发生了变化。从这个意义上讲，本书构建的资源禀赋系数很大程度上是相对于经济总量而言的“相对指数”，而人均资源拥有量、单位国土面积资源拥有量等指标因为与经济发展没有直接关系，可称之为“绝对指数”。

煤炭资源禀赋系数基本如实反映了中国各省份煤炭资源的丰裕程度，资源禀赋系数较大的省份如山西、内蒙古、黑龙江、河南、陕西、贵州、宁夏、新疆都是中国主要的煤炭产区。

中国石油资源主要分布在渤海湾、松辽、准噶尔、塔里木、鄂尔多斯、柴达木和东海陆架等盆地，占全国可开采总量的 81.13%。

相对于煤炭资源的分布，石油资源的分布更加不平衡，石油资源丰富的省份如新疆、黑龙江、陕西、吉林的石油资源禀赋系数较大，而北京、山西、浙江、重庆、福建、江西等省份的石油资源禀赋系数为0，说明这些省份石油资源极为匮乏。

中国天然气资源主要分布在四川、鄂尔多斯、塔里木、松辽、东海陆架、柴达木、莺歌海、琼东南和渤海湾九大盆地，占全国可开采总量的83.64%。因此，天津、黑龙江、四川、陕西、青海等省份的天然气资源禀赋系数位居全国前列，而北京、安徽、福建、江西、湖南等省份的天然气资源禀赋系数为0，说明这些省份天然气资源极为匮乏。

考虑到各省份不同的能源消费结构且其他能源种类如核能、水能等不直接产生二氧化碳，本书将1998—2016年各省份煤炭、石油和天然气各自消费量占该省份这三种能源消费总量的年均比重作为权重，对三种能源资源禀赋系数进行加权求和，得到综合能源资源禀赋系数［以下简称资源禀赋系数（RE）］，依此度量各省份能源资源的丰裕程度。

$$RE_i = w_{i,coal}RE_{coal} + w_{i,oil}RE_{oil} + w_{i,gas}RE_{gas} \tag{4-7}$$

式中，$w_{i,coal}$、$w_{i,oil}$、$w_{i,gas}$分别为1998—2016年第i个省份煤炭、石油和天然气各自消费量占该省份这三种能源消费总量的年均比重。在式（4－7）的基础上构建资源禀赋矩阵W^{RE}：

$$W_{ij}^{RE} = \begin{cases} \dfrac{1}{\left|\overline{RE}_i - \overline{RE}_j\right|}, & 当\ i \neq j \\ 0, & 当\ i = j \end{cases} \tag{4-8}$$

式中，$\overline{RE}_i = \dfrac{1}{19}\sum_{t=1998}^{2016} RE_{it}$。

综合空间权重矩阵（W^*）为地理空间权重矩阵（W^D）与资源禀赋空间权重矩阵（W^{RE}）的乘积：

$$W^* = W^D \times W^{RE} \tag{4-9}$$

第五节　省际碳强度的空间相关性分析

运用空间计量理论的前提是确认空间相关性的存在，这也是探索性空间数据分析（Exploratory Spatial Data Analysis，ESDA）的主要功能之一，常用的空间相关性指标有全局莫兰指数（Global Moran's I）、局域莫兰指数（Local Moran's I）、莫兰散点图和LISA显著性地图等。

一　省际碳强度的全局相关性分析

全局莫兰指数用来检验整个研究区域内相邻地区间变量属性值的空间相关性特征，其表达式为：

$$I = \frac{\sum_{i=1}^{n}\sum_{j=1}^{n} W_{ij}(CI_i - \overline{CI})(CI_j - \overline{CI})}{S^2 \sum_{i=1}^{n}\sum_{j=1}^{n} W_{ij}} \tag{4-10}$$

式中，CI_i 表示第 i 个省份的碳强度值，$\overline{CI}$、S^2 分别表示中国30个省份碳强度的均值和方差，n 为省份总数，W_{ij}为基于Rook原则构建的空间权重矩阵。以上方法是针对截面数据提出的，本书用分块对角矩阵 W^* 代替式（4—10）中的空间权重矩阵 W_{ij}，可使上述方法适用于空间面板数据。[①]

全局莫兰指数检验的标准化形式为：

$$Z(I) = \frac{I - E(I)}{\sqrt{Var(I)}} \tag{4-11}$$

全局莫兰指数的期望值为：

$$E(I) = -\frac{1}{n-1} \tag{4-12}$$

---

①　何江、张馨之：《中国区域经济增长及其收敛性：空间面板数据分析》，《南方经济》2006年第5期。

根据空间数据分布的不同假设，全局莫兰指数的方差有不同的计算方法。对于服从正态分布的空间数据，其方差为：

$$\mathrm{Var}(I)=\frac{n^2M_1+nM_2+3M_0^2}{M_0^2(n^2-1)}-\mathrm{E}^2(I) \qquad (4-13)$$

对于服从随机分布的空间数据，其方差为：

$$\mathrm{Var}(I)=\frac{n[(n^2-3n+3)M_1-nM_2+3M_0^2]-h[(n^2-n)M_1-2nM_2+6M_0^2]}{M_0^2(n-1)(n-2)(n-3)}-\mathrm{E}^2(I) \qquad (4-14)$$

式(4－13)和式(4－14)中，$M_0=\sum_{i=1}^{n}\sum_{j=1}^{n}w_{ij}$，$M_1=\frac{1}{2}\sum_{i=1}^{n}\sum_{j=1}^{n}(w_{ij}+w_{ji})^2$，$M_2=\sum_{i=1}^{n}(w_{i\cdot}+w_{\cdot i})^2$，$h=\frac{n\sum_{i=1}^{n}(x_i-\bar{x})^4}{[\sum_{i=1}^{n}(x_i-\bar{x})^2]^2}$，$w_{i\cdot}$ 和 $w_{\cdot i}$ 分别表示空间权重矩阵第 i 行和第 i 列的元素之和。

全局莫兰指数的取值范围为［－1，1］，如果全局莫兰指数显著为正，说明各地区的变量属性值之间为空间正相关；如果全局莫兰指数显著为负，说明各地区的变量属性值之间为空间负相关；如果全局莫兰指数取值为0，说明各地区变量属性值的空间分布呈现随机特征。全局莫兰指数会随时间推移呈动态变化，也会随“距离”[①] 增大而衰减。依据式（4－10）计算得到1998—2016年省际碳强度的全局莫兰指数及其伴随概率（P值），如表4－4所示。

表4－4　1998—2016年省际碳强度的全局莫兰指数及其伴随概率

空间权重矩阵 / 年份	一阶 Rook 邻近空间权重矩阵 R_1		二阶 Rook 邻近空间权重矩阵 R_2	
	全局莫兰指数	P值	全局莫兰指数	P值
1998	0.3575	0.0001	0.1132	0.0701
1999	0.3664	0.0004	0.2155	0.0825

① 这里的“距离”不仅指地理空间意义上的，也有可能指社会经济意义上的。

续表

空间权重矩阵 \ 年份	一阶 Rook 邻近空间权重矩阵 R_1		二阶 Rook 邻近空间权重矩阵 R_2	
	全局莫兰指数	P 值	全局莫兰指数	P 值
2000	0. 2903	0. 0050	-0. 3264	0. 9020
2001	0. 3797	0. 0000	0. 2362	0. 0025
2002	0. 3710	0. 0002	0. 1351	0. 0681
2003	0. 2824	0. 0014	0. 2487	0. 0581
2004	0. 3941	0. 0023	0. 2497	0. 0185
2005	0. 4055	0. 0000	0. 2527	0. 0257
2006	0. 4017	0. 0018	0. 2509	0. 0745
2007	0. 4029	0. 0045	0. 2680	0. 0000
2008	0. 4097	0. 0012	-0. 2712	0. 0871
2009	0. 4110	0. 0677	0. 2785	0. 0521
2010	0. 3224	0. 0014	0. 2829	0. 0000
2011	0. 4241	0. 0025	0. 2843	0. 0055
2012	0. 4855	0. 0000	0. 2027	0. 0001
2013	0. 3579	0. 0018	0. 1273	0. 0018
2014	0. 4125	0. 0074	0. 2389	0. 0000
2015	0. 4096	0. 0012	0. 1757	0. 0081
2016	0. 3895	0. 0152	0. 2549	0. 0054

从表 4－4 可以看出，1998—2016 年，中国省际碳强度的全局莫兰指数在绝大多数年份都显著为正，说明省际碳强度存在较强的空间正相关关系，某一省份碳强度会对其相邻省份的碳强度产生影响，当然也会受相邻省份碳强度的影响；在时间维度上，全局莫兰指数总体呈现逐渐增大的趋势，表明省际碳强度的空间相关性不断强化，进一步证实了在研究省际碳强度时纳入空间效应的必要性和重要性。通过对比二阶 Rook 邻近空间权重矩阵和一阶 Rook 邻近空间权重矩阵下的全局莫兰指数及其伴随概率可知，二阶 Rook 邻近空间权重矩阵下的全局莫兰指数明显小于一阶 Rook 邻近空间权重矩阵下的全局莫兰指数，且前者部分在统计意义上不显著或符号发生改

变，说明省际碳强度的空间相关性随距离增大而减弱。为计算简便，本书选用一阶 Rook 邻近空间权重矩阵 W^D，并将其与资源禀赋空间权重矩阵 W^{RE} 相乘得到综合空间权重矩阵 W^*，见式（4－9）。

二 省际碳强度的局部相关性分析

全局莫兰指数只能从整体上描述省际碳强度的空间相关性特征，而无法描述不同省份碳强度空间相关性的具体类型，有时会出现局部空间关联模式与整体空间关联模式不一致甚至截然相反的情况。例如，一部分省份碳强度为空间正相关，另一部分省份碳强度为空间负相关，两者相互抵消导致全局莫兰指数为 0，这就需要用到局部空间关联指数（Local Indicators of Spatial Association，LISA），来具体描述某一省份与周围省份变量属性值之间的空间关联模式，常用的局部空间关联指数包括局部莫兰指数（Local Moran' s I）、莫兰散点图、LISA 集聚图等。局部莫兰指数的表达式为：

$$局部莫兰指数 = \frac{(CI_i - \overline{CI})}{S^2}\sum_{j\neq i}^{n} W^D(CI_j - \overline{CI}) \qquad (4-15)$$

式中，CI_i 为第 i 个省份的碳强度值，$\overline{CI}$、S^2 分别为全国 30 个省份碳强度的均值和方差，W^D 为适用于面板数据的空间权重矩阵。如果局部莫兰指数显著为正，说明该省份碳强度属性值（指碳强度值的高低，下同）与周围省份碳强度属性值一致，即高值被周围的高值所包围（“高—高”模式）或低值被周围的低值所包围（“低—低”模式）；如果局部莫兰指数显著为负，说明该省份碳强度属性值与周围省份碳强度属性值相反，即高值被周围的低值所包围（“高—低”模式）或低值被周围的高值所包围（“低—高”模式）；如果局部莫兰指数取 0 值，表示碳强度属性值的空间分布具有随机特征。本书用综合空间权重矩阵 W^* 代替式（4－15）中的 W^D。由于本书使用的是面板数据，共有 30 个空间单元 19 年的观测数据，为节约篇幅，只计算 1998—2016 年各省份平均碳强度的局部莫兰指数及其伴随概率（见表 4－5）。

表 4 - 5　1998—2016 年省际平均碳强度的局部莫兰指数及其伴随概率

省份	局部莫兰指数	P 值	省份	局部莫兰指数	P 值
北京	-0.264	0.124	江西	0.191	0.123
天津	0.322	0.095	河南	-0.342	0.120
河北	0.320	0.111	湖北	0.322	0.020
辽宁	0.125	0.081	湖南	-0.430	0.001
上海	0.324	0.102	内蒙古	-0.321	0.203
江苏	0.241	0.024	广西	0.342	0.102
浙江	0.234	0.211	四川	0	0.012
福建	0.434	0.002	重庆	-0.342	0.010
山东	0.323	0.121	贵州	-0.470	0.012
广东	0.313	0.001	云南	0.251	0.013
海南	0.168	0.046	陕西	0.342	0.003
山西	0	0.012	甘肃	0.342	0.000
吉林	-0.321	0.051	青海	0.247	0.000
黑龙江	-0.342	0.043	宁夏	0.543	0.002
安徽	0.256	0.021	新疆	0.374	0.000

表 4 - 5 显示，大多数省份平均碳强度的局部莫兰指数显著为正，说明大部分省份平均碳强度与周围省份平均碳强度属性值一致，存在空间正相关的关系；河南、湖南、重庆、北京、黑龙江、吉林、贵州、内蒙古的局部莫兰指数为负，说明这些省份的平均碳强度属性值与周围省份的平均碳强度属性值相反，存在空间负相关的关系，但部分局部莫兰指数在统计意义上不显著。

三　省际碳强度的莫兰散点图分析

表 4 - 5 基于各省份碳强度均值计算的局部莫兰指数，可能平滑了数据在某些年份的峰值，而且局部莫兰指数只能判断某一地区变量属性值与周围地区变量属性值是否一致，而无法判断空间相关性的具体类型。例如，在局部莫兰指数显著为正的情况下只能说明该地区变量属性值与周围地区变量属性值一致，而无法判断具体是

“高—高”模式还是“低—低”模式；同理，在局部莫兰指数显著为负的情况下，也只能说明该地区变量属性值与周围地区变量属性值相反，而无法判断具体是“低—高”模式还是“高—低”模式，莫兰散点图在这方面做了很好的改进。莫兰散点图的横坐标为观测值与其均值的离差组成的向量 *CI*，纵坐标为空间滞后向量 *WCI*，全局莫兰指数（以下简称莫兰指数）可以看作 *WCI* 对 *CI* 的线性回归系数，两条坐标轴将空间划分为四个象限，第一象限内的地区变量属性值高，周围地区的变量属性值也高，记为“高—高”模式（H—H）；第二象限内的地区变量属性值低，周围地区的变量属性值高，记为“低—高”模式（L—H）；第三象限内的地区变量属性值低，周围地区的变量属性值也低，记为“低—低”模式（L—L）；第四象限内的地区变量属性值高，周围地区的变量属性值低，记为“高—低”模式（H—L）。位于第一、第三象限的地区变量属性值与周围地区变量属性值存在空间正相关的关系，位于第二、第四象限的地区变量属性值与周围地区变量属性值存在空间负相关的关系。

本书运用地理信息系统软件 GIS 和空间计量软件 Geoda095i 绘制 1998—2016 年省际碳强度的莫兰散点图。因篇幅限制，本书只列出 1998 年、2007 年、2016 年省际碳强度的莫兰散点图，如图 4-7 所示。

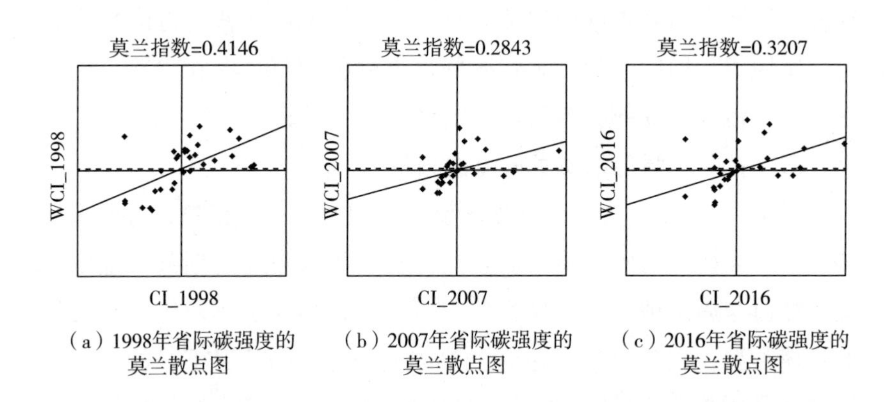

（a）1998年省际碳强度的莫兰散点图　（b）2007年省际碳强度的莫兰散点图　（c）2016年省际碳强度的莫兰散点图

图 4-7　1998 年、2007 年、2016 年省际碳强度的莫兰散点图

以图4－7（b）为例分析，除四川、山西两省位于坐标轴上，其空间相关性特征不明确外，其余28个省份落在第一至第四象限[①]，具体分布见表4－6。

表4－6　　2007年省际碳强度的空间关联模式归类

象限	空间关联模式	省份
一	H—H	宁夏、陕西、甘肃、新疆、青海、云南、河北
二	L—H	河南、湖南、重庆、北京、吉林、黑龙江
三	L—L	福建、江苏、广东、浙江、山东、上海、广西、天津、江西、海南、辽宁、安徽、湖北
四	H—L	内蒙古、贵州

从图4－7和表4－6可以看出，大多数省份都落在第一、第三象限内，空间关联模式为“H—H”或“L—L”，且具有较强的稳健性，说明各省份碳强度与相邻省份碳强度呈空间正相关关系和“片”状集聚特征。空间关联模式为“H—H”的省份大多为西部能源资源富集、经济发展相对落后的省份，如宁夏、陕西等，这些省份的碳强度较高，周围省份的碳强度也高；空间关联模式为“L—L”的省份大多分布在东部沿海，如江苏、浙江、上海、天津等，这些省份技术较为先进、产业结构较为合理，经济总量大，导致碳强度较低；空间关联模式为“L—H”的省份为河南、湖南、北京等，这些省份的碳强度较低，而周围省份的碳强度较高；空间关联模式为“H—L”的省份为内蒙古和贵州等，这些省份的碳强度高，而周围省份的碳强度低。

从以上分析可知，省际碳强度的空间关联模式不但与某一省份自身碳强度的高低有关，也与周围省份碳强度的高低有关，如同属

① 西藏、香港、澳门、台湾不在本书研究范围之内，但Geoda095i软件默认其碳强度值为0，西藏周边省份的碳强度较高，香港、澳门、台湾周边省份的碳强度较低，故而西藏落在第二象限，香港、澳门、台湾落在第三象限。

于西部能源富集地区，内蒙古、贵州两省份的空间关联模式为“H—L”，而宁夏、陕西两省份的空间关联模式为“H—H”；同属于东北三省，黑龙江的空间关联模式为“L—H”，而吉林、辽宁的空间关联模式为“L—L”，这说明制定科学、合理的减排目标及政策措施不仅要关注某一省份碳强度的高低，还应考虑其周围省份碳强度的高低，充分重视省际空间关联效应在减排中的重要作用。纵向比较发现，随着时间推移，落入第三象限即“低—低”（“L—L”）模式范围内的省份越来越多，这说明各省份碳强度与中国整体碳强度变化趋势保持一致，呈逐年下降态势，近年来中国实施的节能减排和产业结构优化升级等政策措施取得一定成效。

四 省际碳强度的LISA集聚图分析

莫兰散点图直观显示了某一地区与周围地区变量属性值的空间关联模式，但不能显示局部空间相关性的显著性水平和集聚特征，而LISA显著性地图可以弥补这一不足。将莫兰散点图和LISA显著性地图相结合，便得到LISA集聚图，可以同时显示莫兰散点图中各地区所处的象限和LISA指标的显著性。如果局部莫兰指数显著为正，说明变量属性值相似的地区邻近，形成空间集聚。其中，当该地区与相邻地区的变量属性值都较高时，被称为热点，用“H—H”表示；当该地区与相邻地区的变量属性值都较低时，被称为冷点，用“L—L”表示；如果局部莫兰指数显著为负，说明邻近地区的变量属性值相反，即某一地区的变量属性值高而周围地区的变量属性值低（用“H—L”表示），或某一地区的变量属性值低而周围地区的变量属性值高（用“L—H”表示），则称该地区为空间异质点或离群点。

中国省际碳强度空间集聚冷点主要分布在沿海地区，如广东、福建等，而省际碳强度空间集聚热点主要分布在西部能源富集省份。尽管如此，空间集聚热点分布的省份也呈现出一定的变化，如1998年省际碳强度空间集聚热点主要分布在四川、甘肃、陕西、宁夏，2007年省际碳强度空间集聚热点主要分布在新疆、甘肃、陕西、青海、宁夏，2016 年省际碳强度空间集聚热点主要分布在内蒙古、辽宁、吉林、黑龙江，这说明省际碳强度的空间集聚特征具有一定的不稳定性，增加了制定减排政策的难度。

以上分析表明，省际碳强度存在空间正相关关系，这与传统计量经济学所假设的不同个体均质且相互独立的结论相背离，传统计量模型无法处理空间效应，必须引入新的模型构建与估计和检验方法，这一问题将在下一节中分析。

第六节　省际碳强度的收敛性特征分析

一　模型设定：F 检验

本章采用空间面板数据模型分析省际碳强度的收敛性特征，该模型是空间计量理论与传统面板数据模型的有机结合。因此，不仅要确定面板数据模型是固定效应模型还是随机效应模型，还要确定空间计量模型的类型，即选择空间滞后模型还是空间误差模型。首先确定面板数据模型的类型，这主要是因为在确定空间计量模型类型时需要对无空间效应的面板数据模型进行回归，然后对回归残差进行空间相关性检验。依据误差项和解释变量是否相关及误差成分分解的不同，面板数据模型分为固定效应模型和随机效应模型，关于这两种模型的选择一般通过 Durbin - Wu - Hausman 检验来确定。本书依据陶长琪的研究结论：在利用面板数据模型进行实证分析时，如果样本局限于一些特定个体（如中国省级区划单位），采用固定效应模型效果更好。[①] 其主要原因在于以下两点：第一，随机效应模型假定解释变量与个体效应项不相关，对于收敛性检验问题而言，这个假设过于严苛；第二，当样本是随机地抽取自所考察的总体时，随机效应模型更恰当，而当回归分析局限于一些特定的个

① 陶长琪：《计量经济学教程》，复旦大学出版社 2012 年版，第 356 页。

体时，固定效应模型更好。因此，首先建立省际碳强度绝对 β 收敛的固定效应面板数据模型：

$$\ln CI_{i,t+1} - \ln CI_{i,t} = \alpha_i + \beta \ln CI_{i,t} + \mu_{i,t}, \ \mu_{i,t} \sim N(0, \sigma^2) \quad (4-16)$$

式中，$CI_{i,t}$、$CI_{i,t+1}$分别为第 i 个省份在 t 年和（$t+1$）年的碳强度值，α_i 为截距项，β 为待估参数，$\mu_{i,t}$为服从独立同分布的随机误差项。若 β 在统计意义上显著为负，则中国省际碳强度存在绝对 β 收敛。

固定效应模型又可分为个体固定效应模型、时点固定效应模型和时点个体固定效应模型，一般通过 Chow 检验的 F 统计量或似然比检验（Likelihood Ratio，LR）来确定模型的具体类型，本书采用第一种方法。采用无约束模型回归残差平方和及受约束模型回归残差平方和构造 F 统计量，在给定显著性水平的前提下，如果检验结果拒绝原假设，则选择个体固定效应模型。本书回归得到无约束模型的残差平方和（URSS）为 0.052，受约束模型的残差平方和（RRSS）为 3.912。因此，构造 Chow 检验的 F 统计量并将 URSS、RRSS 的数值代入其中，计算得到 $F = 1382.23 > F_{0.01}(29, 540)$。因此，拒绝原假设，说明模型存在个体固定效应，应采用个体固定效应模型研究省际碳强度的收敛性特征，其经济含义是除已被纳入模型的解释变量外，中国 30 个省份自身差异中如地理区位等只随个体变化，而不随时间变化的因素也会影响省际碳强度的收敛性特征，但由于无法度量或数据缺失，未能纳入模型。

二　模型设定：LM 检验及稳健性 LM 检验

依据空间效应的体现方式不同，常用的空间计量模型分为两种，即空间滞后模型（Spatial Lag Model，SLM）和空间误差模型（Spatial Error Model，SEM）。空间滞后模型主要用于研究相邻机构或地区的行为对整个系统内其他机构或地区的行为产生的影响，空间相关性表现为空间滞后相关。空间滞后模型的一般形式为：

$$y = \rho W y + \beta X + \varepsilon, \ \varepsilon \sim N(0, \sigma^2) \quad (4-17)$$

式中，参数 β 反映了解释变量对被解释变量的影响，Wy 为空间滞后项，ρ 为空间自回归系数。由于 SLM 模型与时间序列数据的自回归模型相类似，因此空间滞后模型也被称为空间自回归模型（Spatial Autoregressive Model，SAR）。

空间误差模型主要用于研究相邻机构或地区关于被解释变量的误差冲击对本机构或地区观测值的影响程度，空间相关性通过误差项来体现。空间误差模型的一般形式为：

$$y=\beta X+\varphi,\ \varphi=\delta W\varphi+\varepsilon,\ \varepsilon\sim N\ (0,\ \sigma^2) \qquad (4-18)$$

式中，参数 β 反映了解释变量对被解释变量的影响，δ 为空间相关系数，用于衡量误差项之间的空间相关程度。空间误差模型与时间序列数据的序列相关问题相类似，因此也被称为空间自相关模型（Spatial Autocorrelation Model，SAM）。

在证实存在空间相关性的前提下，如何确定空间计量模型的类型？一般而言，有两种方法，即事前检验和事后检验。事前检验指先对不含空间效应的计量模型进行回归，得到回归模型的残差，再对残差进行 LM 检验及稳健性 LM 检验，计算 LM - Error 和 LM - Lag。如果这两者都不显著，保持以上回归结果，这种情况下莫兰指数与 LM 检验统计量相矛盾，一般是由于数据存在异方差性和（或）非正态分布特征导致莫兰指数计算失真。如果 LM - Error 显著，则选择空间误差模型；如果 LM - Lag 显著，则选择空间滞后模型；如果两者都显著，则进行稳健性 LM 检验，这时需计算稳健性 LM - Error 和稳健性 LM - Lag。如果稳健性 LM - Error 显著，则选择空间误差模型；如果稳健性 LM - Lag 显著，则选择空间滞后模型。另外，这些检验统计量也可用于诊断空间计量模型的回归结果。[①] LM 检验及稳健性 LM 检验统计量的计算公式分别为：

$$\text{LM - Error}=\frac{\left(\frac{e'We}{\hat{\sigma}^2}\right)^2}{T}\sim\chi^2\ (1) \qquad (4-19)$$

① Anselin, L., *Spatial Econometrics: Methods and Models*, Berlin: Springer, 1988.

$$\text{LM}-\text{Lag}=\frac{\left(\frac{e'WY}{\hat{\sigma}^2}\right)^2}{J}\sim\chi^2\ (1) \tag{4-20}$$

$$\text{稳健性 LM}-\text{Error}=\frac{\left[\frac{e'We}{\hat{\sigma}^2}-TJ^{-1}\left(\frac{e'WY}{\hat{\sigma}^2}\right)\right]^2}{T-T^2J^{-1}}\sim\chi^2\ (1) \tag{4-21}$$

$$\text{稳健性 LM}-\text{Lag}=\frac{\left[\frac{e'WY}{\hat{\sigma}^2}-\frac{e'We}{\hat{\sigma}^2}\right]^2}{J-T}\sim\chi^2\ (1) \tag{4-22}$$

式(4－19)至式(4－22)中，$\hat{\sigma}^2=\frac{1}{n}e'e$，$T=\mathrm{tr}(W'W+W^2)$，$J=T+\frac{(W\hat{\beta})'[I-X(X'X)^{-1}X'](WX\hat{\beta})}{\hat{\sigma}^2}$。

以上方法是针对截面数据提出的，本书对综合空间权重 W^* 进行对角化处理并用之代替式（4－19）至式（4－22）中的空间权重矩阵 W，便可使上述检验方法适用于空间面板数据。①

事后检验指比较不同模型的统计检验结果，如拟合优度值（$\bar{R}^2$）、对数似然函数值（Log Likelihood，Log－L）、似然比（Likelihood Ratio，LR）、赤池信息准则（Akaike Information Criterion，AIC）和施瓦兹信息准则（Schwartz Criterion，SC）等。对于前三种检验指标，统计量值越大说明模型拟合效果越好，对于后两种检验指标，统计量值越小，说明模型拟合效果越好。为节约篇幅，本书采用事前检验的方法。对不含空间效应的传统面板数据模型［式（4－16）］进行估计，并对回归残差进行空间相关性检验，结果见表4－7。

表4－7　　空间相关性检验结果

检验指标	统计量	P值	检验指标	统计量	P值
莫兰指数（残差）	4.725*** (4.684)	0.000	—	—	—

① 何江、张馨之：《中国区域经济增长及其收敛性：空间面板数据分析》，《南方经济》2006年第5期。

续表

检验指标	统计量	P 值	检验指标	统计量	P 值
LM - Error	5.278 ** (2.329)	0.032	LM - Lag	4.225 * (1.718)	0.064
稳健性 LM - Error	2.317 * (1.796)	0.074	稳健性 LM - Lag	3.294 (1.270)	0.125

注：统计量下方括号内为对应的 t 值，***、***、* 分别表示在 1%、5% 和 10% 的显著性水平下显著。

表 4 - 7 显示，莫兰指数即使在 1% 的显著性水平下依然拒绝残差值随机分布的假设，这说明省际碳强度存在很强的空间相关性。对比 LM 检验统计量、稳健性 LM 检验统计量及其伴随概率可知，LM - Error 通过 5% 的显著性水平检验，而 LM - Lag 只能通过 10% 的显著性水平检验；稳健性 LM 检验结果显示稳健性 LM - Error 通过 10% 的显著性水平检验，而稳健性 LM - Lag 未能通过 10% 的显著性水平检验。因此，在研究省际碳强度收敛性特征时空间误差模型相对于空间滞后模型是更好的选择，其经济含义是模型遗漏的一些与被解释变量相关的变量，如气候因素或消费模式等之间存在空间相关性，但由于各种原因难以纳入模型，其效应只能包含在误差项之中，导致模型误差项之间存在空间相关性。基于以上分析，本书构建固定效应空间误差面板数据模型检验省际碳强度是否存在绝对 β 收敛特征：

$$\ln CI_{i,t+1} - \ln CI_{i,t} = \alpha_i + \beta \ln CI_{i,t} + \mu_{i,t}$$

$$\mu_{i,t} = \lambda W\mu_{i,t} + \varepsilon_{i,t}, \quad \varepsilon_{i,t} \sim N(0, \sigma^2) \qquad (4-23)$$

式中，λ 为空间自相关系数，用于度量误差项之间空间相关性的强弱和方向，其余变量的含义同式（4 - 16）。

三　省际碳强度的绝对 β 收敛检验

对于空间计量模型的估计，如果仍采用 OLS 方法，会导致参数估计量有偏或（和）无效，因此需要运用 IV、ML 或 GMM 等其他方法估计。Anselin 建议采用极大似然法估计空间滞后模型和空间误差模型的参数。[①] 对于空间计量模型的检验，可以比较 LM - Error（LM - Lag）、稳健性 LM - Error（稳健性 LM - Lag）统计量的大小及其显著性，甄别模型是否成功克服了空间相关性。用去均值法除去固定效应项，运用 Matlab 7.0 软件对式（4 - 23）（空间效应模型）进行空间计量的 ML 估计[②]。为对比传统计量模型与空间计量模型的不同，本书同时估计不含空间效应的传统面板数据模型即式（4 - 16）（无空间效应模型），回归结果见表 4 - 8。

表 4 - 8　1998—2016 年中国省际碳强度的绝对 β 收敛模型估计结果

解释变量 \ 模型类别	无空间效应模型	空间效应模型	
		邻近空间权重矩阵	综合空间权重矩阵
λ	—	0.445**	0.524**
		(1.967)	(1.999)
α	0.044***	-0.006*	0.117*
	(2.918)	(-1.764)	(1.876)
β	0.085	-0.016	-0.021
	(1.321)	(-0.987)	(-1.237)
空间相关性检验与统计检验			
莫兰指数（残差）	4.725***	0.026	0.004
	(4.684)	(1.547)	(1.237)
$\bar{R}^2$	0.196	0.365	0.417
Log - L	-19.426	-14.732	-12.783
样本容量	570	570	570

注：回归参数下方括号内为对应的 t 值，***、**、* 分别表示在 1%、5% 和 10% 的显著性水平下显著。

从表 4 - 8 可以看出，在不考虑空间效应的情况下，式（4 - 16）的 β 回归参数为正但不显著，这可能是因为中国省际碳强度本

---

① Anselin, L., *Spatial Econometrics: Methods and Models*, Berlin: Springer, 1988.

② Matlab 的空间计量估计程序可从 http://www.spatial-econometrics.com/下载，由 James LeSage 和 R. Kelley Pace 等编写。

身不存在绝对 β 收敛特征，也可能是因为模型忽略空间效应所致；在考虑空间效应的情况下，无论是在邻近空间权重矩阵还是在综合空间权重矩阵情况下，空间误差项的回归系数 λ 都显著为正，这说明影响各省份碳强度的误差项之间存在空间正相关的关系，β 系数为负，但未通过显著性检验，说明省际碳强度不存在绝对 β 收敛。对空间计量模型的回归残差进行空间相关性检验，得到的莫兰指数明显变小，且不再显著，说明式（4－23）已成功消除空间相关性问题。省际碳强度不存在绝对 β 收敛，说明省际碳强度不会自发趋同，这对于未来中国制定区域减排政策具有重要启示。

四　省际碳强度的"俱乐部"收敛检验

如果不同经济体之间不存在绝对 β 收敛，而是由具有相似经济特征和初始条件的经济体组成的集团内部呈现收敛特征，而集团之间不存在收敛，这种现象被称为"俱乐部"收敛。"俱乐部"收敛可被视为局部绝对 β 收敛的范畴，但其呈现出不同的收敛特征，而且具有较强的现实基础和政策含义，尤其是对于幅员辽阔且区域发展不平衡的中国而言。为考察省际碳强度是否存在"俱乐部"收敛，用东部、中部、西部区域内的省份样本重新估计无空间效应模型［式（4－16）］和空间效应模型［式（4－23）］[①]，回归结果见表 4－9。

表 4－9　1998—2016 年中国省际碳强度的"俱乐部"收敛模型估计结果

解释变量 \ 模型类型	无空间效应模型			空间效应模型（综合空间权重矩阵）		
	东部	中部	西部	东部	中部	西部
λ	—	—	—	0.327* (1.707)	0.315 (1.037)	0.529** (1.992)

① 本书中东部、中部、西部地区的划分参考《中国统计年鉴》中的区域划分方法并结合各省份资源禀赋、产业结构等因素进行一定的调整，东部地区包括北京、上海、江苏、浙江、天津、河北、福建、山东、广东、海南、辽宁 11 个省份；中部地区包括江西、湖北、安徽、湖南、河南、黑龙江、吉林 7 个省份；西部地区包括山西、重庆、贵州、云南、内蒙古、四川、陕西、甘肃、广西、新疆、青海、宁夏 12 个省份。

续表

解释变量＼模型类型	无空间效应模型			空间效应模型 综合空间权重矩阵		
	东部	中部	西部	东部	中部	西部
α	3.027 (1.010)	3.225 * (1.772)	2.443 (1.477)	4.019 *** (2.850)	3.421 ** (2.178)	3.661 * (1.780)
β	-0.127 ** (-2.089)	-0.222 * (-1.789)	-0.025 (-1.117)	-0.324 *** (-2.657)	-0.321 *** (-2.670)	-0.190 ** (-1.998)

注：回归参数下方括号内为对应的 t 值，***、**、* 分别表示在 1%、5% 和 10% 的显著性水平下显著。

表 4-9 显示，在不考虑空间效应的情况下，东部、中部地区碳强度呈现“俱乐部”收敛特征，相比较而言，中部地区收敛速度更快[①]，可能是因为中部地区以农业为主，较高的产业结构相似度为碳强度收敛提供了有利条件，而西部地区 β 系数虽然为负，但在统计意义上不显著，故而不存在“俱乐部”收敛特征。在考虑空间效应的情况下，东部、中部、西部地区均呈现“俱乐部”收敛的特征，在区域内部省际间碳强度收敛的同时，不同区域之间碳强度却呈现发散的趋势，这与许广月的研究结论相一致。[②] 碳强度作为影响地区经济社会发展和减排政策制定的重要因素之一，其差异程度逐渐扩大，反映了中国区域差距日益扩大的事实，且仅靠市场自发因素难以扭转这种局面，必须依靠宏观政策与市场力量相结合，才能真正实现全国范围内碳强度的下降和收敛。对比不同模型的回归结果可知，由空间计量模型得到的收敛速度相对于传统计量模型更快，表明地理位置和资源禀赋对省际碳强度的收敛性特征及收敛速度有重要影响，在制定节能减排政策时，应充分考虑空间关联效应

① 收敛速度 $r=-\frac{\ln(1+\beta)}{T}$。

② 许广月：《碳强度俱乐部收敛性：理论与证据——兼论中国碳强度降低目标的合理性和可行性》，《管理评论》2013 年第 4 期。

和资源禀赋特征的双重作用。

五　省际碳强度的条件 β 收敛检验

如果不同经济体的某些特征不同并将其作为模型的控制变量条件下，各经济体最终收敛于各自的稳态水平，则称存在条件 β 收敛。此外，引入相关控制变量还可以检验不同因素对碳强度作用的大小与方向，据此建立省际碳强度的条件 β 收敛模型：

$$\ln CI_{i,t+1} - \ln CI_{i,t} = \alpha_i + \beta \ln CI_{i,t} + \sum_{k=1}^{11} \beta_k X_{k_{i,t}} + \mu_{i,t}$$

$$\mu_{i,t} \sim N(0,\sigma^2) \qquad (4-24)$$

式中，X_k 为控制变量，β_k 为控制变量的待估参数，其余符号的含义同式（4－16）。控制变量的定义、符号、单位及数据来源说明见表 4－10。

表 4－10　控制变量的定义、符号、单位及数据来源说明

变量名称	定义	符号	单位	数据来源
碳强度	各省份单位 GDP 排放的二氧化碳量	*CI*	吨二氧化碳/万元	本书计算得到
人口规模	各省份人口数量	*POP*	百万人	各省份统计年鉴（1999—2017）
经济发展水平	各省份人均 GDP	*PI*	万元	各省份统计年鉴（1999—2017）
能源效率	各省份工业增加值与其工业部门工业能源消费量之比	*EEF*	万元/万吨标准煤	《中国能源统计年鉴》（1999—2017）
能源消费结构	各省份煤炭消费量占其源消费总量比重	*ESTR*	%	《中国能源统计年鉴》（1999—2017）
产业结构	各省份第二产业产值占其 GDP 比重	*ISTR*	%	各省份统计年鉴（1999—2017）
城市化水平	各省份非农人口占其总人口比重	*URB*	%	各省份统计年鉴（1999—2017）
市场开放度	各省份进出口总额占其 GDP 比重	*MOP*	%	各省份统计年鉴（1999—2017）

续表

变量名称	定义	符号	单位	数据来源
外商直接投资	各省份外商直接投资额度占其 GDP 比重	FDI	%	各省份统计年鉴（1999—2017）
能源价格	各省份燃料、动力类购进价格指数	EPR	—	《中国能源统计年鉴》（1999—2017）
财政支出	省级政府财政支出占各省份 GDP 比重	FS	%	各省份统计年鉴（1999—2017）
资源禀赋	各省份综合资源禀赋系数	RE	—	本书计算得到

在式（4-24）的基础上引入空间效应，构建省际碳强度条件 β 收敛的空间误差面板数据模型：

$$\ln CI_{i,t+1} - \ln CI_{i,t} = \alpha_i + \beta \ln CI_{i,t} + \sum_{k=1}^{11} \beta_k X_{k_{i,t}} + \mu_{i,t}$$

$$\mu_{i,t} = \lambda W^* \mu_{i,t} + \varepsilon_{i,t}, \quad \varepsilon_{i,t} \sim N(0, \sigma^2) \qquad (4-25)$$

式中，λ 为空间自相关系数，用于度量误差项之间空间相关性的强弱和方向，其余变量的含义同式（4-24）。无空间效应模型和空间效应模型的估计结果见表4-11。

表4-11　1998—2016年中国省际碳强度的条件 β 收敛模型估计结果

解释变量 \ 模型类别	无空间效应模型	空间效应模型	
		邻近空间权重矩阵	综合空间权重矩阵
λ	—	0.411* (1.699)	0.449*** (2.715)
α	1.229 (1.015)	-0.305 (-0.999)	0.129 (1.252)
β	-0.014* (-1.777)	-0.082** (-1.997)	-0.092** (-1.974)
POP	-0.020 (-0.958)	0.214 (1.209)	0.064 (1.612)

续表

解释变量＼模型类别	无空间效应模型	空间效应模型	
		邻近空间权重矩阵	综合空间权重矩阵
PI	0. 252 * (1. 795)	0. 397 ** (2. 021)	0. 421 *** (2. 589)
EEF	-0. 963 ** (-1. 999)	-1. 090 * (-1. 795)	-1. 437 ** (-1. 987)
ESTR	-0. 001 * (-1. 712)	-0. 090 (1. 499)	-0. 112 (1. 511)
ISTR	0. 320 * (1. 774)	0. 241 * (1. 798)	0. 262 *** (2. 614)
URB	0. 129 ** (1. 991)	0. 287 ** (1. 991)	0. 299 ** (1. 997)
MOP	-0. 004 (-1. 218)	-0. 016 (-1. 341)	-0. 024 (-1. 524)
FDI	-0. 037 (-1. 452)	-0. 029 (-1. 533)	-0. 162 (-1. 560)
EPR	-0. 020 (-1. 241)	-0. 224 (-1. 249)	-0. 225 (-1. 499)
FS	0. 124 (1. 218)	0. 138 * (1. 719)	0. 164 ** (1. 972)
RE	0. 233 (1. 560)	0. 117 ** (1. 997)	0. 112 * (1. 775)
统计检验			
$\overline{R}^2$	0. 337	0. 829	0. 841
样本容量	570	570	570

注：回归参数下方括号内为对应的 t 值，*** 、** 、* 分别表示在 1% 、5% 和 10% 的显著性水平下显著。

表 4 - 11 显示，无论是否考虑空间效应，β 系数都显著为负，说明中国省际碳强度存在条件 β 收敛现象，模型中纳入空间效应能提高回归系数的统计显著性和收敛速度。传统面板数据模型中大部

分解释变量的回归系数不显著，且符号也与预期不一致，例如人口因素的回归系数为负，很难从逻辑上给予合理的解释，其原因可能在于模型忽略了空间效应，导致传统面板模型的回归参数出现偏差。因此，有必要将省际空间效应纳入模型之中。

空间效应模型中大部分解释变量回归参数的符号与经济理论及预期相一致。本书接下来以综合空间权重矩阵下的模型回归结果，分析各回归参数的大小、方向及经济含义。具体来说，人口规模（*POP*）的回归系数为正，但无论在综合空间权重矩阵情景下还是在邻近空间权重矩阵情景下均不显著，说明现阶段人口因素对省际碳强度的影响有限。

人均收入（*PI*）的回归系数是所有因素中对碳强度影响最大的，对碳强度的上升起到正向促进作用，说明现阶段经济增长依然是推动碳强度上升的最主要因素，总体上中国仍然处于碳强度的环境库兹涅茨曲线顶点的左方。随着人均收入的增加，碳强度将进一步上升，未来节能减排形势将更加严峻。改革开放40多年来，中国经济建设取得举世瞩目的成就，经济总量跃居全球第二位。但总体而言，中国人均收入与发达国家相比依然有较大差距，且存在区域和城乡发展不平衡的突出问题。未来很长一段时期内，中国依然面临着发展经济、改善民生的艰巨任务，“发展是第一要务”，在此过程中环境压力上升是必然的。因此，中国未来的节能减排途径不能寄希望于控制经济总量，甚至也不能因为节能减排而对经济造成过大的负面冲击，中国政府提出以能源强度和碳强度作为节能减排约束指标，也是基于这一基本国情的。

能源效率（*EEF*）的回归系数显著为负，且与其他回归系数相比较可以看出，近年来能源效率提高是促进碳强度下降的主要因素。1998—2016年，中国能源强度从1.60吨标准煤/万元下降到0.56吨标准煤/万元，对抑制碳总量上升和促进碳强度下降起到巨大作用。尽管能源效率提高导致能源强度下降的事实及其巨大作用有目共睹，但关于这一变化的具体原因，学者并未达成一致见解：

魏楚、杜立民、沈满洪认为，企业所有制改革和工业结构调整是促进中国能源强度下降的主要原因；[①] 张少华、陈浪南的研究表明，经济全球化是中国能源效率提高的主要因素；[②] 吴利学认为，内生的资本利用率变化是决定中国能源效率波动的关键机制；[③] 而林伯强、杜克锐认为，技术进步是推动中国能源强度下降的主要原因；[④] 王班班、齐绍洲进一步研究了技术进步影响能源效率的途径，发现要素替代效应是技术进步影响能源强度的主要渠道。[⑤]

能源消费结构（*ESTR*）的回归系数显著为负但不显著，说明能源消费结构对碳强度下降的作用有限。如图 4－5 所示，2014 年之前，煤炭占能源消费总量的 70% 以上。具体而言，1998—2002 年，煤炭的消费比重有所下降，这主要是受亚洲金融危机和国家关停"十五小"政策的影响，绝大部分"高能耗、高污染、低效率"的小企业被强制关闭或停产，使得煤炭在能源消费总量中的比重有所下降。2003—2008 年，煤炭在能源消费总量中的比重小幅回升，主要原因是随着工业化、城市化进程的深化，中国产业结构再次呈现"重型化"特征，钢铁、电力、水泥等行业在国民经济中所占比重上升，直接推动能源消费量上升，而价格低廉且供应量相对充足的煤炭自然成为首选的能源品种。2009 年以后，煤炭消费占比呈现小幅下降趋势，尤其是 2014 年以后煤炭在能源消费结构中所占比重首次低于 70%，这主要是因为国家实施节能减排政策，对能源结构进行有意识的调整，重点发展水电、核电、太阳能等非碳基能源品

---

① 魏楚、杜立民、沈满洪：《中国能否实现节能减排目标：基于 DEA 方法的评价与模拟》，《世界经济》2010 年第 3 期。

② 张少华、陈浪南：《经济全球化对我国能源利用效率影响的实证研究——基于中国行业面板数据》，《经济科学》2009 年第 1 期。

③ 吴利学：《中国能源效率波动：理论解释、数值模拟及政策含义》，《经济研究》2009 年第 5 期。

④ 林伯强、杜克锐：《理解中国能源强度的变化：一个综合的分解框架》，《世界经济》2014 年第 4 期。

⑤ 王班班、齐绍洲：《有偏技术进步、要素替代与中国工业能源强度》，《经济研究》2014 年第 2 期。

种。无论是从解决资源环境问题，还是从减少对国外能源进口的依赖，维护国家能源安全的角度考量，发展可再生能源都具有重要的战略意义，但能源消费结构从根本上受到资源禀赋特征的制约，中国“多煤、贫油、少气”的“高碳”资源禀赋特征决定了近期内能源消费结构优化对碳强度下降的贡献有限。

产业结构（*ISTR*）的回归系数显著为正，说明第二产业在国民经济中的比重上升促进碳强度上升。一般来说，第二产业单位产值相对于第一、第三产业而言具有更高的能耗。1998—2016年，中国正处于工业化、城市化进程的加速阶段，大量的基础设施投资和工业设施投资导致能源需求量和碳排放增加，进而导致碳强度升高。

1998—2006 年第二产业占国民经济的比重呈小幅波动上升的趋势；2007 年以后，第二产业在国民经济中的比重呈波动下降趋势。但总体而言，1998—2016 年，第二产业在国民经济中占比上升促进碳强度上升。

城市化水平（*URB*）的回归系数显著为正，说明城市化的发展促进碳强度上升，这与孙欣、张可蒙的研究结论相一致。① 集聚效应和规模经济效应使城市成为现代经济社会发展的核心，一方面，城市化促进经济增长，经济规模的扩大有利于碳强度下降；② 另一方面，城市化的快速发展也伴随大规模的城市基础设施建设和房地产投资，导致钢铁、水泥、电力等产业在国民经济中的比重上升，产业结构呈现“重型化”特征，推动能源消费量和碳排放大幅度增加，碳强度也相应上升。③ 2018 年中国城市化率为 59.58%，距发达国家 70%—80% 的城市化水平还有较大差距。在未来相当长的一

---

① 孙欣、张可蒙：《中国碳排放强度影响因素实证分析》，《统计研究》2014 年第 2 期。

② 陆铭、冯皓：《集聚与减排：城市规模差距影响工业污染强度的经验研究》，《世界经济》2014 年第 7 期。

③ 陈诗一：《中国的绿色工业革命：基于环境全要素生产率视角的解释（1980—2008）》，《经济研究》2010 年第 11 期。

段时期内，城市化依然是中国经济社会发展的主旋律，城市基础设施和房地产投资将大幅度上升，导致能源消费量和碳排放快速上升，不利于碳强度减排目标的实现。

市场开放度（*MOP*）与外商直接投资（*FDI*）的回归系数为负，说明这两个因素有利于碳强度的下降，“污染天堂”假说在此没有得到支持，这与陈继勇、彭巍、胡艺的研究结论相一致。[①] 市场开放度的提高通过降低交易成本、提高资源配置效率等途径促进经济增长，外商直接投资通过示范效应、技术溢出效应、学习效应、人员交流等一系列途径促进经济增长，这些都有利于降低碳强度，但这两个变量的回归系数在统计意义上不显著，可能因为两者之间存在严重的多重共线性所致。

能源价格（*EPR*）的回归系数为负但不显著，说明能源价格的上升有利于碳强度下降，但可能是由于中国能源资源及其产品由政府主导定价，长期以来低于市场均衡价格，价格并未真正反映市场供需关系和资源价值，企业对能源价格变化不敏感，导致能源价格对碳强度变化作用不大。

政府财政支出（*FS*）的回归系数显著为正，说明政府宏观行为推动碳强度上升，这与张克中、王娟、崔小勇的研究结论相一致，[②] 尽管后者是基于碳排放总量的视角。从张欣怡对财政分权和环境污染之间关系的文献综述可以看出，绝大多数研究成果表明政府行为不利于环境质量的改善。[③] 中国式分权下的地方政府行为既是现阶段经济发展的动力，也是增长方式转变和环境治理的关键。在中国特殊的发展阶段和官员考核体制下，地方政府具有“保增长”的动力和压力，不少地方政府为追求经济高速增长和政绩，盲目投资和

---

① 陈继勇、彭巍、胡艺：《中国碳强度的影响因素——基于各省市面板数据的实证研究》，《经济管理》2011 年第 5 期。

② 张克中、王娟、崔小勇：《财政分权与环境污染：碳排放的视角》，《中国工业经济》2011 年第 10 期。

③ 张欣怡：《财政分权与环境污染的文献综述》，《经济社会体制比较》2013 年第 6 期。

重复建设,[①] 直接推动能源消费和碳排放大幅度上升。例如,2014 年 10 月中国第三季度经济数据公布,经济增长率为 7.3%,创 5 年来最低增幅,PPI 同比下跌 2.2%,连续 32 个月负增长。在这种情况下,国家发展和改革委员会在随后一个月内密集批复了 7600 亿元投资项目,主要分布在铁路、机场等基础设施建设领域,其“保增长”的意图有目共睹,这也从另一个角度解释了产业结构转型升级的艰难。

资源禀赋(*RE*)的回归系数显著为正,说明资源禀赋结构中含碳量的上升会导致碳强度升高,即单位能源碳强度的提高会对碳强度的上升起到正向促进作用,再次说明中国资源禀赋的“高碳”特征不利于碳强度减排目标的实现。

对比不同模型下的回归系数可以发现:第一,在考虑空间效应的模型中,资源禀赋系数的回归系数更大,这主要是受资源禀赋传导机制及省际能源贸易的影响,这一问题将在第五章中分析;第二,综合空间权重矩阵下的空间相关系数更大,控制变量的显著性和模型的拟合优度更高,说明综合空间权重矩阵同时考虑空间地理区位与省际资源禀赋特征的双重效应,能更加深入全面地描述省际碳强度之间的空间相关关系。因此,制定科学、合理的减排政策不仅应考虑各省份的空间区位关系,还应充分考虑各省份资源禀赋特征差异及由此引发的省际空间关联效应。

六　稳健性检验

为检验模型及变量选取的稳健性,本书对以下几个变量的度量方法进行替换:用各省份第二产业煤炭消费量占所有省份第二产业煤炭消费量总和的比重与各省份第二产业产值占所有省份第二产业产值总和的比重的比值度量资源禀赋系数(*RE*),用煤炭价格代表能源价格(*EPR*),对无空间效应模型和空间效应模型进行重新回归,回归结果见表 4-12。

---

① 周黎安:《中国地方官员的晋升锦标赛模式研究》,《经济研究》2007 年第 7 期。

表 4 - 12　　　　模型及变量指标选取的稳健性检验

解释变量＼模型类别	无空间效应模型	空间效应模型	
		邻近空间权重矩阵	综合空间权重矩阵
λ	—	0.422* (1.699)	0.423** (2.014)
α	1.219 (1.423)	-0.227 (-1.296)	0.155 (1.259)
β	-0.022* (-1.790)	-0.088* (-1.918)	-0.087* (-1.709)
POP	-0.044 (-1.019)	0.215 (1.269)	0.040 (1.571)
PI	0.237* (1.711)	0.471** (2.221)	0.424*** (2.728)
EEF	-0.910* (-1.910)	-1.152* (-1.810)	-1.218* (-1.881)
ESTR	-0.001* (-1.718)	-0.086 (-1.245)	-0.190 (-1.197)
ISTR	0.309* (1.724)	0.237* (1.705)	0.301** (2.108)
URB	0.109** (1.978)	0.218* (1.738)	0.211* (1.698)
MOP	-0.039 (-1.212)	-0.014 (-1.357)	-0.039 (-1.568)
FDI	-0.058 (-1.469)	-0.041 (-1.451)	-0.147 (-1.609)
EPR	-0.032 (-1.472)	-0.235 (-1.367)	-0.242 (-1.519)
FS	0.291 (1.093)	0.158* (1.710)	0.152** (1.968)
RE	0.221* (1.758)	0.101** (2.127)	0.031* (1.818)
统计检验			
$\bar{R}^2$	0.312	0.753	0.809
样本容量	570	570	570

注：回归系数下方括号内为对应的 t 值，***、**、* 分别表示在 1%、5% 和 10% 的显著性水平下显著。

从表4－12可以看出，稳健性检验中回归参数的大小、符号及显著性水平与表4－11基本保持一致，说明模型及变量的选取是稳健的。但需要说明的是，资源禀赋系数（*RE*）的回归参数和模型拟合优度小幅下降，这与其度量方法有关。在稳健性检验中，选取各省份第二产业煤炭消费量占所有省份第二产业煤炭消费量总和的比重与各省份第二产业产值占所有省份第二产业产值总和的比重的比值度量资源禀赋系数，忽略了其他产业及第二产业中石油、天然气对碳强度的作用。尽管如此，得到资源禀赋系数的回归系数依然显著，而且数值也没有发生较大的变化，说明煤炭在中国能源消费结构中占主导地位，其价格对于能源价格水平具有一定的代表性。

第七节　本章小结

本章在计算中国及各省份碳排放、碳强度等相关数据的基础上，分析、比较其变化趋势，结论表明中国及各省份碳排放快速增加，沿海经济大省及传统制造业省份碳排放较高，虽然西部省份碳排放较少，但增长势头强劲，是中国未来碳排放增加的主要拉动力，应引起高度重视；中国及各省份碳强度逐年下降，西部能源富集省份碳强度较高，而沿海发达省份和中部农业大省碳强度较低。本章第四节介绍了资源禀赋系数的构建方法，并在此基础上构建资源禀赋矩阵及综合空间权重矩阵，为建立空间计量模型奠定基础；第五节介绍了空间相关性分析的方法，并对省际碳强度的空间相关性进行分析，结论表明中国省际碳强度存在较强的空间正相关性。因此，在研究省际碳强度相关问题时应纳入空间关联效应；第六节运用空间误差面板数据模型研究1998—2016年省际碳强度的收敛性特征，结论表明，省际碳强度不存在绝对β收敛，说明省际碳强度不会自发趋同；但省际碳强度呈现“俱乐部”收敛和条件β收敛特征，“梯度发展模式”进一步强化了碳强度的空间集聚特征。此外，针对省际碳强度条件β收敛的检验还发现相关控制变量对碳强度作用的大小及方向，人口规模对中国省际碳强度的效应为正但不显著，人均收入、产业结构、资源禀赋、政府财政支出、城市化进程的推进促使碳强度上升，能源效率提高有利于碳强度的下降，市场开放度、能源消费结构、外商直接投资、能源价格对碳强度的影响虽然为负，但均不显著。对比不同空间权重矩阵下的回归结果，发现综合空间权重矩阵下的空间相关系数更大，控制变量的显著性水平更优和模型的拟合优度更高，说明综合空间权重矩阵能更加深入全面地描述省际碳强度之间的空间相关关系。因此，制定科学、合理的减排政策不仅应考虑各省份的空间区位关系，还应充分考虑各省份资源禀赋特征差异及由此引发的省际空间关联效应。

第五章　资源禀赋影响碳强度的传导机制

第四章通过构建空间误差面板数据模型，研究了省际碳强度的收敛性特征及相关控制变量对碳强度作用的大小与方向，但却没有分析资源禀赋影响碳强度的传导机制，本章将对这一问题展开讨论。资源禀赋通过一系列中介变量影响经济增长和碳排放，进而影响碳强度。在碳排放一定的条件下，若资源禀赋通过中介变量促进经济增长，则导致碳强度下降；反之，则导致碳强度上升。在 GDP 一定的条件下，若资源禀赋通过中介变量促进碳排放，则导致碳强度上升；反之，则导致碳强度下降。本章将构建空间面板数据模型对资源禀赋影响碳强度的传导机制进行分析。构建空间计量模型的前提是确定空间相关性的存在及来源。因此，首先要分析区域经济增长和碳排放的空间相关性特征。

第一节　省际经济增长与碳排放的空间相关性分析

一　省际经济增长的空间相关性分析

一般而言，生产要素如劳动力、资本的跨区流动，基础设施投资与技术研发的溢出效应等，都会导致区域经济增长存在空间相关性。本书运用地理信息系统软件 GIS 和空间计量软件 Geoda095i 绘制 1998—2016 年中国省际人均 GDP 的四分位图和莫兰散点图①，据此分析省际经济增长的空间分布格局和相关性特征。因篇幅限制，这里只列出 1998 年、2007 年、2016 年省际人均 GDP 的莫兰散点图（见图 5－1）。

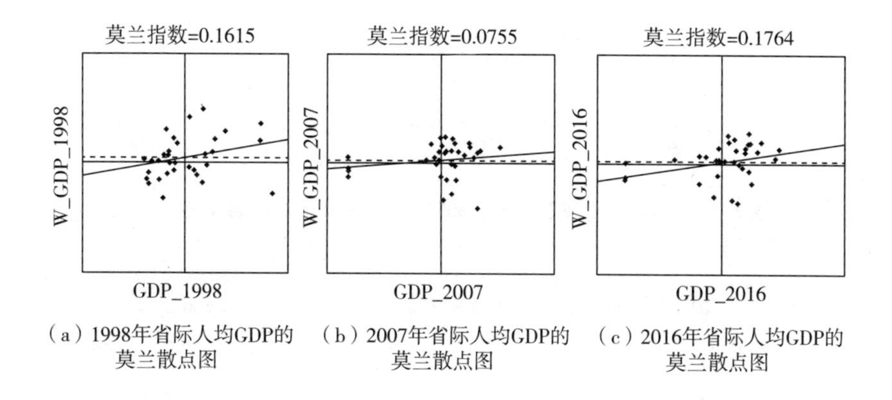

（a）1998年省际人均GDP的莫兰散点图　（b）2007年省际人均GDP的莫兰散点图　（c）2016年省际人均GDP的莫兰散点图

图 5－1　1998 年、2007 年、2016 年省际人均 GDP 的莫兰散点图

图 5－1 显示，大多数省份在莫兰散点图中分布在第一、第三象限，说明省际人均 GDP 呈现正的空间相关性。因此，在研究省际经济增长相关问题时，应引入省际空间效应，否则可能导致变量的回归参数存在偏误，这也是本书构建空间计量模型的主要原因。

二　省际碳排放的空间相关性分析

本书依据式（4－1）和表 4－1 计算得到中国各省份 1998—2016 年的碳排放量，并运用地理信息系统软件 GIS 和空间计量软件 Geoda095i 绘制 1998—2016 年省际碳排放的莫兰散点图，据此分析省际碳排放的空间分布格局和空间相关性特征。因篇幅限制，这里同样只列出 1998 年、2007 年、2016 年省际碳排放的莫兰散点图，见图 5－2。

① 本书认为，以人均 GDP 度量经济增长相对于 GDP 总量更具有现实意义和政策含义。

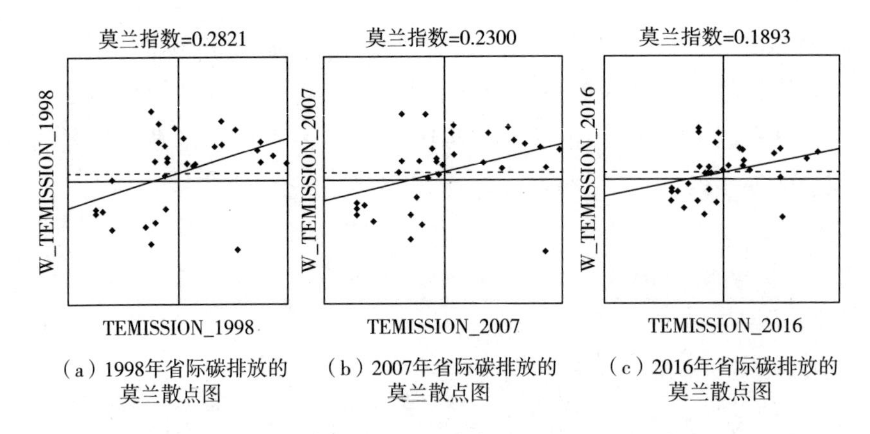

（a）1998年省际碳排放的莫兰散点图　（b）2007年省际碳排放的莫兰散点图　（c）2016年省际碳排放的莫兰散点图

图 5－2　1998 年、2007 年、2016 年省际碳排放的莫兰散点图

图 5－2 显示，省际碳排放属性值（指碳排放量的高低）同样呈现"片"状分布特征，大多数省份在莫兰散点图中位于第一、第三象限，说明省际碳排放具有空间正相关性和集聚特征。结合第四章省际碳排放数据可知，碳排放较高的省份多分布在以下两类地区：①传统工业大省，如河北、辽宁等，这些省份以钢铁等传统制造业为主导产业，对能源消费的巨大需求导致其碳排放位居全国前列；②沿海经济大省，如广东、江苏、浙江等的经济总量位居全国前列，导致其碳排放较高。西部省份如青海、宁夏、甘肃等碳排放较少，主要是因为这些省份经济总量较小，能源消费量少，排放的碳也就较少。

第二节　资源禀赋通过经济增长影响碳强度的传导机制分析

一　变量选取与数据说明

本节对第三章构建的理论分析框架进行实证检验，选取的中介变量包括实物资本投资（*PCI*）、人力资本投资（*HCI*）、企业研发投入（*RD*）、制造业发展水平（*MA*）、政府干预程度（*GI*）、外商直接投资（*FDI*）6 个因素。从内生增长理论、发展经济学与新制度经济学等理论角度分析，上述因素对经济增长具有重要作用，而且也是资源禀赋影响经济增长的主要途径。关于上述中介变量选择的理论逻辑见本书第三章，变量的定义等情况如表 5－1 所示。

上述相关数据主要来源于《中国统计年鉴》《中国能源统计年鉴》及各省份统计年鉴，时间跨度为 1999—2017 年，GDP、制造业产值、外商直接投资、固定资产投资、行政性收费、企业研发投入、1998—2016 年各省份名义 GDP 等变量均采用 1998 年的物价指数进行调整，得到实际数值。

表 5－1　　相关变量的定义、符号、单位及数据来源说明

变量名称	定义	符号	单位	数据来源
经济增长	各省份实际人均 GDP 的对数值	$\ln y$	万元	各省份统计年鉴（1999—2017）
初始经济发展水平	1998 年各省份实际人均 GDP 对数值	$\ln y_0$	万元	各省份统计年鉴（1999）
实物资本投资	各省份固定资产投资总额占其 GDP 比重	*PCI*	%	各省份统计年鉴（1999—2017）
人力资本投资	以生源地方法统计普通高校人数占全省总人口比重	*HCI*	%	各省份统计年鉴（1999—2017）
企业研发投入	各省份企业研发投入占其 GDP 比重	*RD*	%	各省份统计年鉴（1999—2017）
制造业发展水平	各省份制造业产值占其 GDP 比重	*MA*	%	各省份统计年鉴（1999—2017）
政府干预程度	各省份行政性收费占其省级政府财政收入的比重	*GI*	%	各省份统计年鉴（1999—2017）
外商直接投资	各省份外商直接投资总额占其 GDP 比重	*FDI*	%	各省份统计年鉴（1999—2017）
资源禀赋	各省份综合资源禀赋系数	*RE*	—	本书计算得到

二 模型设定：Durbin – Wu – Hausman 检验和 F 检验

本章构建空间面板数据模型，实际上是空间计量经济学理论与传统面板数据模型的有机结合，这就需要确定模型的类型。以往学者通常采用事后检验的方法，将面板数据模型的不同类型与空间计量模型的不同类型进行组合，通过比较不同模型的回归结果进而确定模型的最优选择。本书采用事前检验的方法，构建不含空间效应的传统面板数据模型［式（5 – 1）］，以便确定面板数据模型的类型及对空间相关性的具体形式进行检验。

$$\ln y_{i,t} = \alpha_i + \alpha_1 RE_{i,t} + \alpha_2 \ln y_{i,0} + \sum_{j=3}^{8} \alpha_j X_{i,t} + \mu_t + \varepsilon_{i,t}$$

$$\varepsilon_{i,t} \sim N(0,\sigma^2 I) \qquad (5-1)$$

式中，$\ln y_{i,t}$为第 i 省份 t 时期人均 GDP 的对数值，用于表示经济发展水平；$RE_{i,t}$表示资源禀赋系数，用于度量各省份能源资源的丰裕程度；$X_{i,t}$为控制变量，也是资源禀赋影响经济增长的中介变量。此外，由于历史传承、国家战略定位等因素，中国各省份在经济社会发展方面历来存在较大差距，本书将各省份初始经济发展水平 $\ln y_{i,0}$作为控制变量之一，是为了减弱各省份因初始经济发展水平不同对当期经济发展水平造成的干扰，同时也可以检验中国省际经济增长是否存在“条件收敛”特征。本书对 1998 年各省份实际人均 GDP 取对数作为各省份初始经济发展水平的代理变量，并预期其符号为正。

依据误差项和解释变量是否相关及误差成分分解的不同，面板数据模型可分为固定效应模型（Fixed Effect Model，FE）和随机效应模型（Random Effect Model，RE）两种类型。关于这两种模型的选择一般通过 Durbin – Wu – Hausman 检验来确定。本书对式（5 – 1）进行 Durbin – Wu – Hausman 检验，所得统计值为 16.42，伴随概率为 0.038。因此，可以判定，在 5% 的显著性水平下拒绝原假设，将模型设定为固定效应模型更好，这也证实了陶长琪的研究结论：在利用面板数据进行实证分析时，如果样本局限于一些特定个体

（如中国省级区划单位），采用固定效应模型效果更好。[①]

固定效应模型又可分为个体固定效应模型、时点固定效应模型和时点个体固定效应模型，一般通过 Chow 检验的 F 统计量或似然比检验（Likelihood Ratio，LR）确定模型的具体选择，本书采用第一种方法。采用无约束模型回归残差平方和及受约束模型回归残差平方和构造 F 统计量，在给定显著性水平的前提下，如果拒绝原假设，则表明个体固定效应模型是合适的。本书回归得到无约束模型的回归残差平方和 URSS = 0.047，受约束模型的回归残差平方和 RRSS = 3.051。因此，构造 Chow 检验的 F 统计量并将 URSS、RRSS 的数值代入其中，计算得到 $F = 1176.9 > F_{0.01}$（29，534）。因此，拒绝原假设，说明模型存在个体固定效应。采用个体固定效应模型研究省际经济增长的影响因素，其经济含义是除已被纳入模型的解释变量和控制变量以外，中国 30 个省份自身差异中如地理区位等只随个体变化，而不随时间变化的因素也会对经济增长产生影响，但由于这些因素难以量化或数据缺失，未能纳入模型。

三　模型设定：LM 检验及稳健性 LM 检验

为判断空间相关性的具体来源，进而确定是设定空间滞后模型还是空间误差模型，本书采用 Anselin 提出的检验方法，对不含空间效应的传统面板数据模型［式（5－1）］进行估计，并对回归残差进行 LM 检验及稳健性 LM 检验，[②] 结果见表 5－2。

表 5－2　　空间相关性检验结果

检验指标	统计量	P 值	检验指标	统计量	P 值
莫兰指数（残差）	4.885*** （4.147）	0.000	—	—	—
LM－Lag	7.845** （2.338）	0.041	LM－Error	5.018* （1.801）	0.083

---

① 陶长琪：《计量经济学教程》，复旦大学出版社 2012 年版，第 356 页。

② Anselin，L.，*Spatial Econometrics：Methods and Models*，Berlin：Springer，1988.

续表

检验指标	统计量	P 值	检验指标	统计量	P 值
稳健性 LM - Lag	3.557 * (1.746)	0.085	稳健性 LM - Error	2.018 (1.231)	0.114

注：回归系数下方括号内为对应的 t 值，***、**、* 分别表示在 1%、5% 和 10% 的显著性水平下显著。

表 5 - 2 显示，莫兰指数即使在 1% 的显著性水平下依然拒绝残差值随机分布的假设，这说明省际经济增长存在很强的空间相关性。对比 LM 检验、稳健性 LM 检验的统计量可知，LM - Lag 大于 LM - Error，稳健性 LM - Lag 也大于稳健性 LM - Error；在统计量的显著性方面，LM - Lag 通过 5% 的显著性水平检验，LM - Error 只能通过 10% 的显著性水平检验，稳健性 LM - Lag 通过 10% 的显著性水平检验，稳健性 LM - Error 未能通过 10% 的显著性水平检验。故而判断，省际经济增长的空间相关性主要体现在空间滞后项，空间滞后模型是研究省际经济增长空间关联效应更好的模型选择。

在以上分析的基础上，将面板数据模型与空间滞后模型相结合，构建个体固定效应的空间滞后面板数据模型：

$$\ln y_{i,t} = \alpha_i + \alpha_1 RE_{i,t} + \rho W_{TN}^{*} \ln y_{i,t} + \alpha_2 \ln y_{i,0} + \sum_{j=3}^{8} \alpha_j X_{i,t} + \varepsilon_{i,t}$$

$$\varepsilon_{i,t} \sim N(0, \sigma^2 I) \qquad (5-2)$$

式中，ρ 为空间相关系数，用于度量相邻省份经济增长对本省份经济增长作用的大小与方向，W_{TN}^{*} 为适用于面板数据的综合空间权重矩阵，用于对邻近省份的观测值进行加权平均，$W_{TN}^{*} \ln y_{i,t}$ 为空间滞后项，其余变量的含义同式（5 - 1）。

四　模型估计与回归结果分析

用去均值法除去固定效应项，运用 Matlab 7.0 软件对式（5 - 2）进行 ML 估计。为观察每个变量对经济增长的作用及分析各变量回归参数大小、显著性之间的关系，本书采用逐步引入变量的方法。同时为对比传统计量模型与空间计量模型的不同，本书同时估计不含空间效应的传统面板数据模型［式（5－1）］，回归结果见表5－3。

从表5－3可以看出，空间面板数据模型与传统面板数据模型的回归结果差异较大。在所有的空间计量模型中，空间滞后项 $W_{TN}^{*}\ln y$ 的回归系数都显著为正，说明中国省际经济增长存在空间正相关性，这也与本章第一节在省际经济增长的莫兰散点图中大多数省份位于第一、第三象限的研究结论相一致。

在所有的空间计量模型中，除模型（1）之外，模型（2）至模型（7）回归残差的莫兰指数都未能通过显著性检验，说明加入空间滞后项的这些模型已成功消除空间相关性，而模型（8）中部分变量的回归参数与经济理论分析所得结论不一致，如初始经济发展水平和人力资本投资对经济增长的作用都显著为负，其回归残差的莫兰指数值为4.885，且在1%的显著性水平下显著，两者对比说明在研究省际经济增长模型中纳入空间效应，从而建立空间计量模型的必要性。对所有空间计量模型的回归残差进行LM检验及稳健性LM检验可知，虽然空间相关性在空间滞后和空间误差两个方面都有体现，但以空间滞后相关为主，而且Durbin－Wu－Hausman检验结果表明固定效应面板数据模型相对于随机效应面板数据模型更好，说明本书采用固定效应空间滞后面板数据模型是合理的。

除模型（1）之外，其他空间计量模型（2）至模型（7）中资源禀赋系数（*RE*）的回归参数都为负，且这些回归参数都至少在10%的显著性水平下显著，具有较强的稳健性，说明在中国省级层面确实存在"资源诅咒"现象，这与邵帅、齐中英[①]等大多数学者的研究结论相一致；而传统面板数据模型（8）中资源禀赋系数的回归参数为正，其他一些重要变量如实物资本投资（*PCI*）、人力资本投资（*HCI*）的回归系数符号也与经济理论及预期不一致，再一次说明引入省际空间关联效应对回归结果有重要影响。

---

① 邵帅、齐中英：《西部地区的能源开发与经济增长——基于"资源诅咒"假说的实证分析》，《经济研究》2008年第4期。

表 5-3　资源禀赋及相关控制变量影响经济增长的回归结果

模型类别 / 解释变量	空间面板数据模型							传统面板数据模型
	模型（1）	模型（2）	模型（3）	模型（4）	模型（5）	模型（6）	模型（7）	模型（8）
RE	0.035** (1.997)	-0.042* (-1.745)	-0.048* (-1.691)	-0.037** (-2.121)	-0.039** (-2.141)	-0.014** (-1.998)	-0.029* (-1.809)	0.019** (2.009)
$W_{TN}^{*}\ln y$	0.224* (1.789)	0.255* (1.698)	0.242** (2.258)	0.241*** (3.158)	0.212*** (3.212)	0.160* (1.712)	0.189* (1.715)	—
$\ln y_0$	-0.421 (-0.991)	-0.352 (-1.254)	0.403* (1.779)	0.623** (1.987)	0.997** (2.165)	1.120** (2.003)	1.254* (1.777)	-1.582* (-1.719)
PCI	—	0.054** (2.225)	0.158* (1.780)	0.169* (1.814)	0.159* (1.702)	0.169* (1.758)	0.312*** (3.125)	-0.017 (-1.123)
HCI	—	—	0.074* (1.719)	0.018** (2.147)	0.015*** (2.885)	0.081*** (2.724)	0.160** (2.321)	-0.187* (-1.771)
RD	—	—	—	0.417** (1.997)	0.387* (1.702)	0.212** (2.109)	0.171* (1.701)	0.037** (1.992)
MA	—	—	—	—	0.047*** (3.912)	0.037** (2.158)	0.155*** (2.712)	0.032** (2.124)
GI	—	—	—	—	—	-0.021** (-1.975)	-0.052* (-1.715)	-0.077** (-1.999)

续表

模型类别 / 解释变量	空间面板数据模型							传统面板数据模型
	模型（1）	模型（2）	模型（3）	模型（4）	模型（5）	模型（6）	模型（7）	模型（8）
FDI	—	—	—	—	—	—	0.109*	0.061*
							(1.709)	(1.722)
空间相关性检验与统计检验								
莫兰指数	3.802*	3.182	3.101	2.891	2.511	2.043	1.713	4.885***
（残差）	(1.789)	(1.045)	(1.089)	(1.321)	(1.059)	(1.621)	(1.458)	(4.147)
LM - Error	11.815*	11.045*	10.789*	9.875*	9.541*	8.227	7.894	5.018*
	(1.779)	(1.699)	(1.760)	(1.712)	(1.773)	(1.102)	(1.612)	(1.801)
稳健性	5.019*	4.869**	4.669	4.423*	4.536	3.290	3.029	2.018
LM - Error	(1.789)	(2.159)	(1.102)	(1.719)	(1.009)	(1.159)	(1.590)	(1.231)
LM - Lag	12.859*	12.159	11.896*	11.429*	10.526*	9.518	8.596	7.845**
	(1.775)	(1.009)	(1.715)	(1.711)	(1.859)	(1.589)	(1.096)	(2.338)
稳健性 LM - Lag	5.089*	5.008**	4.812**	4.652	4.298*	3.999	3.198*	3.557*
	(1.702)	(2.009)	(1.996)	(1.089)	(1.712)	(1.296)	(1.709)	(1.746)
$\bar{R}^2$	0.551	0.609	0.615	0.682	0.701	0.709	0.715	0.333
Log - L	107.139	111.598	125.001	129.579	132.089	137.215	144.902	69.127
样本量	570	570	570	570	570	570	570	570

注：回归参数下方括号内为对应的 t 值，***、**、* 分别表示在 1%、5% 和 10% 的显著性水平下显著。

能源资源禀赋对经济增长具有负效应，这与直观上的理解相背离。绝大多数基于“资源诅咒”假说的研究结论表明，资源禀赋通过其他途径对经济增长产生阻碍作用，这就需要引入相关中介变量进行传导机制的分析。

接下来以空间计量模型（7）为基准分析各控制变量回归参数的大小、方向及其经济含义。实物资本投资（*PCI*）、人力资本投资（*HCI*）对经济增长都具有显著的正向促进作用，与理论预期一致，且实物资本投资的回归系数大于人力资本投资的回归系数，这说明现阶段中国仍处于以实物投资促进经济增长的粗放型发展阶段，具有典型的“高投入、高能耗、高排放”特征，这是造成当前中国资源供应紧张与环境污染的主要因素。未来进一步发挥人力资本的作用，由粗放型的“高碳”经济增长模式向集约型的“低碳”经济增长模式转变，是实现中国经济社会可持续发展的必由之路；相比人力资本投资（*HCI*），企业研发投入（*RD*）对经济增长的促进作用更大，这可能是因为人力资本具有流动性和长期性，其作用不如企业研发投入直接；制造业发展水平（*MA*）和外商直接投资（*FDI*）对经济增长具有显著的促进作用。制造业不仅为其他产业的优化升级提供设备支持，还通过技术外溢效应促进社会整体技术水平的提高；外商直接投资不仅为中国经济发展提供大量的资本，还对于国内整体技术进步和管理水平的提高具有促进作用。政府干预程度（*GI*）对经济增长具有显著的负效应，说明从促进经济增长的角度出发，政府应进一步减少行政性审批和收费，实施简政放权。

初始经济发展水平（$\ln y_0$）的回归系数在空间计量模型（3）至模型（7）中都显著为正，说明各省份初始经济发展水平对当前经济发展水平具有正向促进作用，也说明中国省际经济增长不存在“条件收敛”特征，这与陈耀、陈珏的研究结论一致。[①] 因此，有必要加大宏观调控力度，遏制区域差距扩大的趋势。

① 陈耀、陈钰：《资源禀赋、区位条件与区域经济发展》，《经济管理》2012 年第 2 期。

随着引入控制变量的增多，模型的解释力逐渐增强，表现为模型拟合优度（$\overline{R}^2$）和对数似然函数值（Log - L）的逐渐增大。

五　资源禀赋—经济增长—碳强度的传导机制分析

依据第三章的理论分析框架，为分析资源禀赋对经济增长的作用传导机制，本书构建中介变量对资源禀赋影响的回归模型：

$$X_{i,t} = \phi_i + \beta_1 RE_{i,t} + \ln y_{i,0} + \varepsilon_{i,t},\ \ \varepsilon_{i,t} \sim N(0,\ \sigma^2 I) \quad (5-3)$$

式中：X 为被解释变量，也是资源禀赋影响经济增长的中介变量，分别代表实物资本投资（*PCI*）、人力资本投资（*HCI*）、企业研发投入（*RD*）、制造业发展水平（*MA*）、政府干预程度（*GI*）、外商直接投资（*FDI*）；*RE* 表示资源禀赋系数，用于度量各省份能源资源的丰裕程度；引入控制变量 $\ln y_0$ 同样是为了减弱各省份因初始经济发展水平差异对被解释变量造成的干扰。回归结果见表 5 - 4。

表 5 - 4　　　资源禀赋对中介变量的效应分析

解释变量 \ 被解释变量	*PCI*	*HCI*	*RD*	*MA*	*GI*	*FDI*
$\ln y_0$	0.748*	0.227**	0.174**	0.409***	-0.025*	0.317
	(1.712)	(2.209)	(2.219)	(2.907)	(-1.758)	(1.229)
RE	0.157*	-0.369**	-0.153*	-0.082*	0.289*	-0.184*
	(1.714)	(-2.209)	(-1.729)	(-1.808)	(1.819)	(-1.757)
统计检验						
$\overline{R}^2$	0.327	0.368	0.212	0.347	0.212	0.320
样本量	570	570	570	570	570	570

注：回归系数下方括号内为对应的 t 值，***、**、* 分别表示在 1%、5% 和 10% 的显著性水平下显著。

从表 5 - 4 可以看出，大多数变量回归系数的符号及显著性都与理论预期相一致。具体而言，资源禀赋对实物资本投资（*PCI*）具有正向促进作用，这说明在中国不存在资源禀赋对实物资本投资的“挤出效应”，原因可能如邵帅、范美婷、杨莉莉所述，资源开采多属于资本密集型行业，大规模的资源开采可能带动固定资产投资增加，导致实物资本投资增加,[①] 尤其是在1998—2016年，中国正处于工业化、城市化的加速阶段，大量的工业品投资和城市房地产、基础设施投资导致能源需求大幅度上升，进一步强化了能源资源开采对实物资本投资的促进效应。

资源禀赋对人力资本投资（*HCI*）具有显著的负效应，这与邵帅、杨莉莉（2010）的研究结论相一致,[②] 而与王学斌、朱永刚、赵学刚等学者的研究结论相反,[③] 后者得出资源禀赋并未对人力资本投资产生“挤出效应”，丰富的自然资源禀赋甚至会促进人力资本投资的结论，说明资源禀赋对人力资本的作用并非线性的，在基础教育层次促进教育发展，而在高等教育层次产生阻碍作用，这也印证了资源丰富地区对高素质人才需求较少，进而对高等教育投资缺乏动力的理论逻辑。Bravo - Ortega 和 Gregorio 利用跨国数据也得出资源禀赋对人力资本投资的作用呈现非线性特征的结论。[④]

资源禀赋对企业研发投入（*RD*）具有负效应，这与大多数学者的研究结论相一致。企业研发投入作为推动技术进步的主要途径，不仅是企业保持产品市场竞争力的关键，而且研发具有的正外部性也是促进社会整体技术进步和产业转型的重要途径，这说明丰富的能源资源作为一种先天禀赋，在提升短期经济效益的同时却对经济的长期增长造成阻碍。

资源禀赋对制造业发展水平（*MA*）具有显著的负效应，说明“荷兰病”效应在中国确实存在，尤其在一些资源丰富的省份或城市如山西、大庆、鄂尔多斯有深刻的体现。制造业具有的“干中学”效应、

---

① 邵帅、范美婷、杨莉莉：《资源产业依赖如何影响经济发展效率？——有条件资源诅咒假说的检验及解释》，《管理世界》2013年第2期。

② 邵帅、杨莉莉：《自然资源丰裕、资源产业依赖与中国区域经济增长》，《管理世界》2010年第9期。

③ 王学斌、朱永刚、赵学刚：《资源是诅咒还是福音？——基于中国省级面板数据的实证研究》，《世界经济文汇》2011年第6期。

④ Bravo - Ortega, C. , De Gregorio, J. , “The Relative Richness of the Poor? Natural Resources, Human Capital, and Economic Growth”, *World Bank Policy Research Working Paper*, 2005 (3484) .

技术溢出效应及对相关产业的带动作用，是一个地区经济发展的重要动力和途径，资源禀赋通过抑制制造业的发展间接阻碍经济增长。

资源禀赋对政府干预程度（*GI*）具有显著的正效应，说明丰富的资源禀赋会强化政府对经济的干预程度，与王必达、王春晖的研究结论相一致，主要原因是自然资源禀赋带来的高额租金可能诱发政府官员的寻租与腐败行为，尤其是在资源管理制度及官员监督体系尚不健全的发展中国家。①

资源禀赋对外商直接投资（*FDI*）具有显著的负效应，原因可能有以下几个方面：①能源资源作为国民经济与社会发展的基础性行业，事关国家战略安全与国计民生，依据法律规定，一般由国有企业或民营企业经营，外资企业进入门槛较高；②资源丰富地区由于资源开采导致生态环境恶化，在吸引外商投资方面存在劣势；③如前所述，资源丰富地区一般缺乏高素质人才且存在产业结构单一、行政色彩浓厚等问题，上述因素都不利于吸引外资。

此外，从表5－4可以看出，初始经济发展水平（$\ln y_0$）对政府干预程度（*GI*）具有显著的负效应，即初始经济发展水平高的地区一般政府干预程度较低，这符合中国现实情况，沿海地区经济发展水平高，但政府对经济的干预程度较低，内陆地区则相反；初始经济发展水平（$\ln y_0$）对其他被解释变量都具有正向促进作用，但对外商直接投资的作用系数不显著。表5－5对资源禀赋通过中介变量对经济增长的效应进行汇总。

表5－5　　资源禀赋通过中介变量对经济增长的作用汇总

中介变量 X	资源禀赋对中介变量的效应：$\frac{dX}{dRE}$	中介变量对经济增长的效应：$\frac{d\ln y}{dX}$	资源禀赋通过中介变量对经济增长的效应：$\frac{d\ln y}{dX}\times\frac{dX}{dRE}$	各中介变量效应占比（%）
PCI	0.157	0.312	0.049	－58.305

① 王必达、王春晖：《“资源诅咒”：制度视域的解析》，《复旦学报》（社会科学版）2009年第5期。

续表

中介变量 X	资源禀赋对中介变量的效应：$\frac{dX}{dRE}$	中介变量对经济增长的效应：$\frac{d\ln y}{dX}$	资源禀赋通过中介变量对经济增长的效应：$\frac{d\ln y}{dX}\times\frac{dX}{dRE}$	各中介变量效应占比（%）
HCI	-0.369	0.160	-0.059	70.275
RD	-0.153	0.171	-0.026	31.142
MA	-0.082	0.155	-0.013	15.129
GI	0.289	-0.052	-0.015	17.888
FDI	-0.184	0.109	-0.020	23.872
加总	—	—	-0.084	100%

从表5-5可以看出，资源禀赋通过增加实物资本投资对经济增长产生强烈的促进作用，其效应占中介变量总效应的-58.305%①；但除此之外，资源禀赋通过其他5个中介变量对经济增长产生阻碍作用，资源禀赋对人力资本投资和企业研发投入产生“挤出效应”，这是资源禀赋对经济增长产生阻碍作用的主要途径；其次，资源禀赋通过阻碍外商直接投资、强化政府干预和阻碍制造业发展等多种途径对经济增长产生间接阻碍作用。通过以上分析，也验证了张复明、景普秋的研究结论：一旦资源部门成为主导部门，便会形成资源部门对经济要素特殊的吸纳效应、资源部门的扩张与延伸使产业家族形成黏滞效应、工业化演进过程中的沉淀成本与路径依赖形成对资源功能的锁定效应。②

资源禀赋对经济增长的总效应等于其直接效应与间接效应的加总：

---

① 因为总效应为负，所以在表5-5最后一列中，资源禀赋通过实物资本投资对经济增长的效应占比为负，说明其促进经济增长，有利于碳强度下降；而资源禀赋通过其他中介变量对经济增长的效应占比为正，说明其阻碍经济增长，促进碳强度上升。

② 张复明、景普秋：《资源型经济的形成：自强机制与个案研究》，《中国社会科学》2008年第5期。

$$\frac{\partial f[L,RE,X(RE)]}{\partial RE}+\sum_{i=1}^{6}\frac{\partial f[L,RE,X(RE)]}{\partial X_i}\times\frac{\partial X_i}{\partial RE}$$
$$=[-0.029+(-0.084)]\times 100\%$$
$$=-11.30\% \tag{5-4}$$

式（5－4）表示，资源禀赋系数每上升一个单位，导致人均GDP下降11.30%。若要转化为GDP，还应考虑人口增长的影响，GDP的增长率等于人口增长率与人均GDP增长率之和。1998—2016年，中国人口年平均增长率为0.54%。因此，资源禀赋系数每上升一个单位，对GDP的影响为：

$$-11.30\%+0.54\%=-10.76\% \tag{5-5}$$

式（5－5）显示，资源禀赋对经济增长具有阻碍作用，资源禀赋系数每上升一个单位，导致GDP下降10.76%，说明在中国省级层面确实存在“资源诅咒”现象；其次，本书所得资源禀赋对经济增长的阻碍作用（绝对值）略大于王学斌、朱永刚、赵学刚的研究结论，[①] 而小于杨莉莉、邵帅、曹建华的研究结论，[②] 原因可能是本书相对于前者选取了较多的中介变量，资源禀赋也就通过更多的途径作用于经济增长。理论分析和实证研究都表明，资源禀赋通过中介变量大多会对经济增长产生阻碍作用，部分抵消了资源禀赋通过促进实物资本投资对经济增长的正向促进作用；而后者在对传导机制进行检验时不仅考虑区域经济增长之间的空间效应，还考虑了中介变量如外商直接投资、人力资本投资等变量的空间相关性，而外商直接投资、人力资本投资在大多数情况下存在空间正相关性，这就可能会得出资源禀赋不仅阻碍本地区的外商直接投资和人力资本投资，而且还通过空间效应阻碍相邻地区的外商直接投资和人力资本投资的结论。虽然理论上确实存在这种空间关联效应，但现实中

---

① 王学斌、朱永刚、赵学刚：《资源是诅咒还是福音？——基于中国省级面板数据的实证研究》，《世界经济文汇》2011年第6期。

② 杨莉莉、邵帅、曹建华：《资源产业依赖对中国省域经济增长的影响及其传导机制研究——基于空间面板模型的实证考察》，《财经研究》2014年第3期。

空间效应的产生是有一定前提条件的，而且会随着“距离”的增加而减弱。本书认为，过于强调空间关联效应可能会夸大资源禀赋通过这些中介变量对经济增长产生的阻碍作用。

综上所述，资源禀赋对经济增长总体起阻碍作用，进而导致碳强度升高。在碳排放一定的条件下，资源禀赋系数增加一个单位，导致碳强度上升的幅度为：

$$\left(\frac{1}{1-0.1076}-1\right)\times100\%=12.06\%。\qquad(5-6)$$

式（5－6）说明，在碳排放一定的条件下，资源禀赋系数每上升一个单位，导致碳强度上升12.06%，再一次说明中国“多煤、贫油、少气”的“高碳”资源禀赋特征不利于碳强度减排目标的实现。

六　稳健性检验

为检验模型及变量指标选取的稳健性，本书对资源禀赋系数的度量方法进行替换：用各省份第二产业煤炭消费量占所有省份第二产业煤炭消费量总和的比重与各省份第二产业产值占所有省份第二产业产值总和的比重的比值度量资源禀赋系数（RE），对式（5－1）、式（5－2）和式（5－3）进行重新回归，回归结果见表5－6和表5－7。

从表5－6和表5－7可以看出，对模型稳健性所做的回归结果与原回归结果基本一致，这说明本书模型及变量指标的选取是稳健的。但需要说明的是，资源禀赋系数（RE）和模型的拟合优度（$\bar{R}^2$）小幅下降，这与资源禀赋系数的度量方法有关。在稳健性检验中，选取各省份第二产业煤炭消费量占所有省份第二产业煤炭消费量总和的比重与各省份第二产业产值占所有省份第二产业产值总和的比重的比值度量资源禀赋系数（RE），忽略了其他产业及第二产业中石油、天然气的作用，导致回归系数（绝对值）和模型拟合优度（$\bar{R}^2$）的下降。尽管如此，资源禀赋的回归参数依然显著，而且数值也没有发生较大的变化，说明煤炭在中国能源消费结构中占主导地位。

表 5-6　模型及变量指标选取的稳健性检验结果

模型类别 / 解释变量	空间面板数据模型							传统面板数据模型
	模型（1）	模型（2）	模型（3）	模型（4）	模型（5）	模型（6）	模型（7）	模型（8）
RE	0.032** (1.975)	-0.037* (-1.745)	-0.035 (-1.459)	-0.037** (-2.159)	-0.038** (-2.251)	-0.012** (-2.156)	-0.025* (-1.744)	0.013*** (3.529)
$W_{TN}^{*}\ln y$	0.320* (1.719)	0.241* (1.818)	0.266** (2.357)	0.241*** (3.552)	0.245*** (3.091)	0.184* (1.709)	0.188* (1.815)	—
$\ln y_0$	-0.383 (-1.119)	-0.455 (-1.395)	0.399* (1.812)	0.576* (1.772)	0.949** (2.195)	1.159** (2.052)	1.304* (1.857)	-1.259** (-1.996)
PCI	—	0.058* (1.858)	0.177* (1.885)	0.128* (1.692)	0.155* (1.712)	0.159* (1.705)	0.322** (2.249)	-0.125 (-1.188)
HCI	—	—	0.079* (1.719)	0.028** (2.186)	0.023*** (3.662)	0.074*** (2.719)	0.309*** (3.005)	-0.252* (-1.833)
RD	—	—	—	0.391* (1.812)	0.315* (1.709)	0.333** (2.205)	0.196* (1.888)	0.025* (1.799)
MA	—	—	—	—	0.028** (2.172)	0.038** (2.059)	0.176* (1.697)	0.035 (0.902)
CI	—	—	—	—	—	-0.037* (-1.719)	-0.088* (-1.815)	-0.095** (-1.995)

续表

模型类别 解释变量	空间面板数据模型							传统面板数据模型
	模型（1）	模型（2）	模型（3）	模型（4）	模型（5）	模型（6）	模型（7）	模型（8）
FDI	—	—	—	—	—	—	0.143** (2.159)	0.084* (1.732)
空间相关性检验与统计检验								
莫兰指数 （残差）	3.656* (1.855)	3.330 (1.585)	3.210 (1.529)	2.551 (1.468)	2.125 (1.427)	1.302 (1.458)	1.559 (1.459)	4.850*** (4.120)
LM - Error	10.786* (1.705)	10.515* (1.738)	10.229* (1.885)	9.296* (1.870)	9.159* (1.907)	8.660 (1.522)	7.526 (1.529)	4.097* (1.778)
稳健性 LM - Error	5.055* (1.896)	4.218* (1.712)	4.154* (1.809)	4.230* (1.862)	4.664* (1.819)	3.526* (1.789)	2.291 (1.059)	2.109 (1.419)
LM - Lag	12.302* (1.912)	12.126* (1.869)	11.158* (1.708)	11.663* (1.917)	10.320* (1.809)	9.529* (1.714)	8.639 (1.331)	7.308*** (2.660)
稳健性 LM - Lag	5.403* (1.886)	5.529** (2.009)	4.772** (1.968)	4.856* (1.802)	3.479** (2.128)	3.289* (1.772)	3.221 (1.668)	3.319* (1.883)
$\bar{R}^2$	0.501	0.545	0.612	0.635	0.663	0.689	0.702	0.358
Log - L	99.852	103.289	119.211	125.367	129.346	137.58	141.096	71.632
样本量	570	570	570	570	570	570	570	570

注：回归系数下方括号内为对应的 t 值，***、**、*分别表示在 1%、5% 和 10% 的显著性水平下显著。

表 5-7　　　　模型及变量指标选取的稳健性检验结果

被解释变量 / 解释变量	*PCI*	*HCI*	*RD*	*MA*	*GI*	*FDI*
$\ln y_0$	0.718** (1.965)	0.238* (1.709)	0.411* (1.711)	0.925** (2.115)	-0.981* (-1.823)	0.547 (1.625)
RE	0.147* (1.902)	-0.211* (-1.735)	-0.131** (-2.526)	-0.061* (-1.905)	0.197* (1.714)	-0.149* (-1.826)
统计检验						
$\overline{R}^2$	0.298	0.313	0.296	0.248	0.195	0.286
样本量	570	570	570	570	570	570

注：回归系数下方括号内为对应的 t 值，**、* 分别表示在 5% 和 10% 的显著性水平下显著。

第三节　资源禀赋通过碳排放影响碳强度的传导机制分析

一　变量选取与数据说明

同研究资源禀赋通过中介变量影响经济增长进而影响碳强度一样，本节研究资源禀赋通过中介变量影响碳排放进而影响碳强度的传导机制。依据第三章的理论分析框架，本节选取的中介变量包括人均收入（*PI*）、能源效率（*EEF*）、能源消费结构（*ESTR*）、产业结构（*ISTR*）、市场开放度（*MOP*）、外商直接投资（*FDI*）、能源价格（*EPR*）7 个因素。上述中介变量选择的理论逻辑见本书第三章。构建本章模型所需变量及数据情况如表 5-8 所示。

表 5-8　　相关变量的定义、符号、单位及数据来源说明

变量名称	定义	符号	单位	数据来源
碳排放	各省份二氧化碳排放量的对数值	ln*C*	百万吨	本书计算得到
人均收入	各省份人均 GDP 的对数值	*PI*	万元	各省份统计年鉴（1999—2017）
能源效率	各省份工业增加值与其工业部门能源消费量之比	*EEF*	万元/万吨标准准煤	各省份统计年鉴（1999—2017）
能源消费结构	各省份煤炭消费量占其能源消费总量比重	*ESTR*	%	《中国能源统计年鉴》（1999—2017）
产业结构	各省份第二产业产值占其 GDP 比重	*ISTR*	%	各省份统计年鉴（1999—2017）
市场开放度	各省份进出口总额占其 GDP 比重	*MOP*	%	各省份统计年鉴（1999—2017）
外商直接投资	各省份外商直接投资占其 GDP 比重	*FDI*	%	各省份统计年鉴（1999—2017）
能源价格	各省份燃料、动力类购进价格指数	*EPR*	—	《中国能源统计年鉴》（1999—2017）
资源禀赋	各省份综合资源禀赋系数	*RE*	—	本书计算得到

上述相关数据主要来源于《中国统计年鉴》《中国能源统计年鉴》及各省份统计年鉴，时间跨度为 1999—2017 年，GDP、制造业产值、工业增加值、外商直接投资、固定资产投资、行政性收费、1998—2017 年各省份名义 GDP 等变量均采用 1998 年的物价指数进行调整，得到实际数值。

二　模型设定：Durbin - Wu - Hausman 检验和 F 检验

本书首先构建不含空间效应的传统面板数据模型［式（5 - 7）］，以确定空间相关性的具体形式，进而确定空间计量模型的具体类型。

$$\ln C_{i,t} = \alpha_1 RE_{i,t} + \sum_{j=2}^{8} \alpha_j Z_{i,t} + \alpha_i + \eta_t + \varepsilon_{i,t}, \quad \varepsilon_{i,t} \sim N(0, \sigma^2 I) \tag{5-7}$$

式中，$\ln C$ 表示碳排放的对数值，RE 表示资源禀赋系数，Z 为控制变量，α_i、η_t 分别为个体固定效应项和时点固定效应项。

本书首先对不含空间效应的传统面板数据模型进行 Durbin - Wu - Hausman 检验，所得统计值为 18.56，伴随概率为 0.078。因此，可以判定在 10% 的显著性水平下拒绝原假设，将模型设定为固定效应模型更为合适。然后采用无约束模型和受约束模型的回归残差平方和构造 F 统计量，以确定固定效应模型的具体类型。本书回归得到无约束模型的回归残差平方和 URSS = 0.037，受约束模型的回归残差平方和 RRSS = 2.596。将 URSS、RRSS 的数值代入 F 统计量的计算公式，计算得到 $F = 1273.54 > F_{0.01}(29, 534)$。故而拒绝原假设，将模型设定为个体固定效应模型更好，其经济含义是除已被纳入模型的解释变量、控制变量外，中国 30 个省份自身因素的差异中如地理区位等只随个体变化，而不随时间变化的因素对碳排放产生影响，但由于这些因素难以量化或数据缺失，未能纳入模型。

三　模型设定：LM 检验和稳健性 LM 检验

为判断空间相关性的具体来源，进而确定是设定空间滞后模型还是空间误差模型，对不含空间效应的传统面板数据模型进行估计，并对回归残差进行 LM 检验及稳健性 LM 检验，结果见表 5 - 9。

表 5 - 9　　空间相关性检验结果

检验指标	统计量	P 值	检验指标	统计量	P 值
莫兰指数（残差）	5.558** (2.221)	0.046	—	—	—
LM - Lag	2.449* (1.699)	0.053	LM - Error	3.237** (2.112)	0.041
稳健性 LM - Lag	2.464 (1.012)	0.105	稳健性 LM - Error	2.329* (1.789)	0.066

表5－9显示，莫兰指数在5%的显著性水平下拒绝残差值随机分布的假设，这说明省际碳排放存在空间相关性。对比LM检验、稳健性LM检验统计量的大小及其伴随概率可知，LM－Error大于LM－Lag，且LM－Error通过5%的显著性水平检验，而LM－Lag只能通过10%的显著性水平检验，稳健性LM－Lag虽然大于稳健性LM－Error，但在统计意义上不显著。故而判断，省际碳排放的空间相关性主要体现在误差项中，固定效应空间误差面板数据模型是研究省际碳排放空间关联效应更好的选择。本书在以上分析的基础上，构建固定效应空间误差面板数据模型［式（5－8）］，研究资源禀赋及相关控制变量对碳排放的作用。

$$\ln C_{i,t} = \alpha_1 RE_{i,t} + \sum_{j=2}^{8} \alpha_j Z_{i,t} + \alpha_i + \varepsilon_{i,t}$$

$$\varepsilon_{i,t} = \lambda W_{TN}^{*} \varepsilon_{i,t} + \mu_{i,t}, \quad \varepsilon_{i,t} \sim N(0, \sigma^2 I) \tag{5-8}$$

式中，W_{TN}^{*}为适用于面板数据模型的综合空间权重矩阵，λ为空间相关系数，用于度量误差项之间的空间相关程度，其余变量的含义同式（5－7）。

四　模型估计与回归结果分析

用去均值法除去固定效应项，运用Matlab 7.0软件对式（5－8）进行ML估计。为分析每个变量对碳排放的作用及各变量系数、显著性之间的关系，本书采用逐步引入变量的方法，同时为对比传统计量模型与空间计量模型的不同，本书同时估计不含空间效应的传统面板数据模型，具体结果见表5－10。

表5－10显示，在空间面板数据模型（1）至模型（5）中，资源禀赋系数（*RE*）的回归系数显著为正，说明资源禀赋结构中含碳量的上升促进碳排放增加，这与第三章中理论模型分析所得的结论相一致。

对比空间面板数据模型和传统面板数据模型的回归结果可以发现，在所有空间面板数据模型的回归结果中，空间误差项的回归系数都显著为正，这说明影响各省份碳排放的误差项之间存在空间正相关的关系。在研究省际碳排放问题时应纳入空间效应，而忽略空

表 5 – 10　　资源禀赋及相关控制变量影响碳排放的回归结果

模型类别 / 解释变量	空间面板数据模型							传统面板数据模型
	模型（1）	模型（2）	模型（3）	模型（4）	模型（5）	模型（6）	模型（7）	模型（8）
RE	0.049 *	0.057 *	0.059 **	0.051 *	0.026 *	0.028	0.040	−0.038 **
	(1.723)	(1.711)	(2.352)	(1.901)	(1.777)	(1.098)	(1.229)	(2.155)
$W_{TN}^{*}\varepsilon$	0.232 *	0.252 **	0.199 ***	0.287 *	0.248 *	0.233 *	0.133 *	—
	(1.725)	(2.021)	(3.206)	(1.721)	(1.819)	(1.710)	(1.786)	
PI	0.247 *	0.845 *	1.257 **	1.352	1.252 ***	0.918	1.312 *	3.244
	(1.719)	(1.715)	(1.985)	(1.111)	(2.699)	(1.248)	(1.709)	(1.528)
EEF	—	−1.221 *	−1.484 *	−1.052 *	−1.570 *	−1.255 *	−0.159 *	5.152
		(−1.709)	(−1.705)	(−1.764)	(−1.819)	(−1.810)	(−1.726)	(1.529)
ESTR	—	—	−0.219 *	0.355	−0.449	0.363	1.018 *	−0.259
			(−1.697)	(1.052)	(−1.225)	(1.125)	(1.852)	(−1.229)
ISTR	—	—	—	1.261 *	1.152 *	1.521 *	0.490 *	1.288 *
				(1.693)	(1.729)	(1.918)	(1.789)	(1.715)
MOP	—	—	—	—	−0.079 *	−1.275	−0.212	0.087
					(−1.732)	(−0.999)	(−1.296)	(1.519)
FDI	—	—	—	—	—	−0.058	−0.149	−4.271 **
						(−0.129)	(−1.229)	(−1.965)

续表

模型类别 解释变量	空间面板数据模型							传统面板数据模型
	模型（1）	模型（2）	模型（3）	模型（4）	模型（5）	模型（6）	模型（7）	模型（8）
EPR	—	—	—	—	—	—	-0.274 (-1.599)	-0.255 (-1.245)
空间相关性检验与统计检验								
莫兰指数 （残差）	2.215* (1.712)	2.529 (1.369)	2.520 (1.449)	1.952 (1.624)	1.985 (1.526)	1.745 (1.226)	1.852 (1.452)	5.558** (2.221)
LM - Error	9.529* (1.709)	12.129* (1.718)	10.480* (1.812)	9.365* (1.817)	7.252* (1.852)	8.145* (1.774)	7.126* (1.874)	3.237** (2.112)
稳健性 LM - Error	5.421* (1.815)	4.325** (2.108)	4.008* (1.789)	5.128* (1.801)	4.521 (1.528)	3.128** (2.019)	3.452** (2.224)	2.329* (1.789)
LM - Lag	10.128* (1.720)	9.452 (1.115)	11.125* (1.852)	11.052* (1.851)	10.526* (1.795)	9.485* (1.690)	8.128** (1.971)	2.449* (1.699)
稳健性 LM - Lag	4.158* (1.784)	4.224** (2.152)	4.459** (2.201)	4.001** (2.158)	3.109** (2.109)	3.158* (1.885)	2.350** (2.205)	2.464 (1.012)
$\overline{R}^2$	0.423	0.499	0.548	0.615	0.659	0.719	0.798	0.452
Log - L	129.25	133.47	139.67	145.21	152.98	161.29	171.25	109.21
样本量	570	570	570	570	570	570	570	570

注：回归系数下方括号内为对应的 t 值，***、**、*分别表示在1%、5%和10%的显著性水平下显著。

间效应的传统计量模型的回归结果可能存在偏误，传统面板数据模型中大部分变量都不显著，且部分回归系数的符号与经济理论及预期也不一致，模型的拟合优度较低，说明空间面板数据模型相对于传统面板数据模型是更好的选择。

本书以空间面板数据模型（7）为基准并结合其他模型的回归结果分析各控制变量的回归参数及其经济含义。人均收入（*PI*）的回归系数显著为正，人均收入的提高对碳排放的增加起正向促进作用，说明现阶段中国仍处于以碳排放作为环境指标的环境库兹涅茨曲线的左上方，随着城市化进程的深化和人均收入的进一步提高，碳排放将继续上升；同时也说明中国政府提出以碳强度作为减排约束指标是符合当前国情的，总量减排约束指标对于现阶段的中国而言是不切实际的。

能源效率（*EEF*）的回归系数显著为负，说明近年来中国能源利用效率提高对于抑制碳排放增长起到重要作用，这也说明对发展中国家而言，节能相对于减排显得更加迫切，也更加符合当前实际需要，而且节能也是减排的主要途径。

能源消费结构（*ESTR*）对碳排放的影响时而为正，时而为负，但大多数年份内都不显著，这说明受制于资源禀赋特征，中国以煤为主的能源消费结构短期内不会发生根本性改变，能源消费结构变化对碳排放影响较小。

产业结构（*ISTR*）的回归系数显著为正，说明第二产业在国民经济中所占比重的提高促进碳排放上升。一般而言，第二产业相对于第一、第三产业具有高能耗的特点，因此第二产业在国民经济中所占比重的提高通常伴随着大规模的基础设施投资和工业投资，进而导致能源消费量和碳排放上升。

市场开放度（*MOP*）的回归系数显著为负，原因可能在于市场开放度的提高有利于改善资源配置效率和促进技术扩散，从而有利于抑制碳排放。

外商直接投资（*FDI*）的回归系数为负，说明外商直接投资有利于碳排放下降，“污染天堂”假说在中国不成立，但引入外商直接投资变量后，市场开放度和外商直接投资的回归系数都不再显著，可能因为两者存在严重的多重共线性。

能源价格（*EPR*）的回归系数为负，但未能通过显著性检验，说明能源价格对碳排放作用有限，这可能是因为中国能源资源实施政府主导定价，且低于市场均衡价格，企业对能源价格变化不敏感，导致能源价格变化对碳排放的作用有限。

在空间面板数据模型（6）和模型（7）中，随着引入控制变量的增多，能源资源禀赋的系数不再显著，说明其作用已经被包括在相关控制变量（中介变量）中了，这就需要对资源禀赋通过中介变量影响碳排放的传导机制进行分析。

五　资源禀赋通过碳排放影响碳强度的传导机制分析

研究资源禀赋通过碳排放进而影响碳强度的传导机制，同样需要引入中介变量。本书在第三章理论分析的基础上，构建中介变量对资源禀赋影响的回归方程。

$$Z_{i,t} = \phi_{i,0} + \beta_1 RE_{i,t} + \beta_2 \ln y_{i,0} + \varepsilon_{i,t}，\ \varepsilon_{i,t} \sim N（0，\sigma^2 I） \qquad (5-9)$$

式中：*RE* 为资源禀赋系数，用于度量各省份能源资源的丰裕程度；*Z* 为被解释变量，也是资源禀赋影响碳排放的中介变量，分别表示人均收入（*PI*）、能源效率（*EEF*）、能源消费结构（*ESTR*）、产业结构（*ISTR*）、市场开放度（*MOP*）、外商直接投资（*FDI*）和能源价格（*EPR*）；引入控制变量 $\ln y_0$ 是为了减弱各省份因初始经济发展水平不同对被解释变量造成的影响。

从表 5 - 11 可以看出资源禀赋对各中介变量的影响。具体来说，资源禀赋对人均收入（*PI*）的提高具有阻碍作用，尽管系数很小，但依然通过 10% 的显著性水平检验，再一次证明在中国省级层面存在“资源诅咒”现象；资源禀赋对能源效率（*EEF*）具有显著的负效应，这可以从表 5 - 11 中得到解释，资源禀赋会阻碍产业结构优化升级，降低能源价格及市场开放度，而产业结构优化、能源价格和市场开放度提高都有利于能源效率的提高；资源禀赋对市场开放度（*MOP*）和能源价格（*EPR*）具有显著的负效应，这与前面的研

表 5－11　资源禀赋对中介变量的效应分析

解释变量＼被解释变量	*PI*	*EEF*	*ESTR*	*ISTR*	*MOP*	*FDI*	*EPR*
ϕ_0	12.124* (1.704)	−1.305* (−1.808)	32.109** (2.142)	23.122** (2.109)	−0.003* (−1.698)	0.235 (1.216)	−11.433** (−1.815)
$\ln y_0$	0.337** (1.971)	0.015 (1.603)	0.005 (1.305)	−0.088** (−1.975)	1.193 (1.221)	0.229* (1.708)	2.323 (1.654)
RE	−0.274* (−1.713)	−0.039* (−1.714)	0.223** (2.096)	0.217** (2.124)	−0.155** (−2.109)	−0.128* (−1.901)	−0.258* (−1.714)
统计检验							
$\bar{R}^2$	0.124	0.361	0.219	0.325	0.185	0.152	0.219
样本量	570	570	570	570	570	570	570

注：回归系数下方括号内为对应的 t 值，**、* 分别表示在 5% 和 10% 的显著性水平下显著。

究结论一致；资源禀赋对能源消费结构（*ESTR*）具有正向作用，说明丰富的资源禀赋会阻碍能源消费结构的优化升级，表面上看是因为两者指标的选取具有高度一致性：本书以煤炭消费量占能源消费总量的比重度量能源消费结构，以各省份煤炭、石油和天然气资源禀赋系数的加权和度量能源资源禀赋的丰裕度，其中煤炭资源禀赋系数的权重约占0.7，这就必然造成两者的高度一致，但实质上反映的是资源禀赋特征对能源消费结构具有直接的决定作用；$\ln y_0$ 对产业结构的优化升级具有阻碍作用，似乎违反常识。初始经济发展水平落后的地方工业化程度反而更高？这主要是由中国工业发展的历史造成的。新中国成立初期，出于国防建设的需要，很多大型工业企业都选址在东北和西部等偏远地区，如今这些地区的经济结构依然是以工业为主，工业在国民经济中所占比重过高，服务业发展滞后。初始经济发展水平对人均收入（*PI*）和外商直接投资（*FDI*）具有显著正效应，对于能源效率（*EEF*）、能源消费结构（*ESTR*）、市场开放度（*MOP*）和能源价格（*EPR*）的作用均不显著。表5-12对资源禀赋通过中介变量影响碳排放的作用进行汇总。

表5-12　资源禀赋通过中介变量对碳排放的作用汇总

中介变量 Z	资源禀赋对中介变量的效应：$\frac{dZ}{dRE}$	中介变量对碳排放的效应：$\frac{d\ln C}{dZ}$	资源禀赋通过中介变量对碳排放的效应：$\frac{d\ln C}{dZ}\times\frac{dZ}{dRE}$	各中介变量效应占比（%）
PI	-0.274	1.312	-0.359	-350.102
EEF	-0.039	-0.159	0.006	6.039
ESTR	0.223	1.018	0.227	221.087
ISTR	0.217	0.490	0.106	103.554
MOP	-0.155	-0.212	0.033	32.002
FDI	-0.128	-0.149	0.019	18.574

续表

中介变量 Z	资源禀赋对中介变量的效应：$\frac{dZ}{dRE}$	中介变量对碳排放的效应：$\frac{d\ln C}{dZ}$	资源禀赋通过中介变量对碳排放的效应：$\frac{d\ln C}{dZ}\times\frac{dZ}{dRE}$	各中介变量效应占比（%）
EPR	-0.258	-0.274	0.071	68.846
加总	—		0.103	100%

注：市场开放度（*MOP*）、外商直接投资（*FDI*）和能源价格（*EPR*）对碳排放的回归系数不显著，但为了保持结果的完整性，依然保留原值。

从表5-12可以看出，资源禀赋抑制碳排放增长的主要途径是"资源诅咒"效应，通过降低人均收入进而抑制能源消费和碳排放增长。虽然资源禀赋对人均收入的效应很小，但人均收入对碳排放的效应很大，导致资源禀赋通过人均收入对碳排放的效应依然很大，占总效应的-350.102%。尽管如此，资源禀赋通过中介变量对碳排放的总效应依然为正，这主要是因为资源禀赋通过其他中介变量促进碳排放上升，如通过提高煤炭在能源消费总量中的比重、阻碍产业结构优化升级和降低能源价格的途径推动碳排放上升，分别占总效应的221.087%、103.544%和68.846%。此外，资源禀赋还通过降低市场开放度、降低外资流入和降低能源效率的途径导致碳排放上升，分别占总效应的32.002%、18.574%和6.039%。

资源禀赋对碳排放的总效应等于所有中介变量效应的加总：

$$\frac{dg[f(\cdot),Z(RE)]}{dRE}=\sum_{i=1}^{7}\frac{\partial g[f(\cdot),Z(RE)]}{\partial Z_i}\times\frac{\partial Z_i}{\partial RE}=0.103 \tag{5-10}$$

由以上分析可知，能源资源禀赋不仅通过"资源诅咒"效应阻碍经济增长，还通过多种途径导致碳排放上升。在GDP保持一定的条件下，资源禀赋系数每提升一个单位，导致碳排放上升10.3%。

本章揭示了能源富集地区碳强度较高的原因：一方面，资源禀赋通过对人力资本投资、企业研发投入、外商直接投资产生"挤出效应”，强化政府对经济的干预，抑制制造业发展等途径阻碍经济增长，虽然资源禀赋也通过促进实物资本投资进而有利于经济增长，但总效应还是抑制经济增长；另一方面，资源禀赋还通过促进能源消费结构的“高碳化”和产业结构的“重型化”、降低能源价格水平、降低市场开放度、阻碍外资流入及降低能源效率的途径促进碳排放增加。需要特别指出的是，虽然资源禀赋通过“资源诅咒”效应降低人均收入进而抑制能源消费和碳排放增长，但这不应该成为减排的途径。总体上，中国资源富集地区发展滞后，只有进一步发展经济、改善民生，才是实现该地区经济社会可持续发展的根本途径，但如何协调经济发展与生态环境保护及节能减排之间的冲突，是当前面临的首要问题。

六　稳健性检验

为检验模型及变量选取的稳健性，本书改变以下变量的度量方法：用各省份第二产业煤炭消费量占所有省份第二产业煤炭消费量总和的比重与各省份第二产业产值占所有省份第二产业产值总和的比重的比值度量资源禀赋系数（*RE*），用煤炭价格作为能源价格（*EPR*）的代理变量，对式（5－7）、式（5－8）和式（5－9）进行重新回归，结果见表5－13和表5－14。

从表5－13和表5－14可以看出，回归系数及其显著性基本保持不变，这说明本书模型及变量的选取是稳健的。首先，资源禀赋系数（*RE*）的回归系数（绝对值）和模型拟合优度略有下降，主要原因是资源禀赋的度量方法发生变化，在稳健性检验中，用各省份第二产业煤炭消费量占所有省份第二产业煤炭消费量总和的比重与各省份第二产业产值占所有省份第二产业产值总和的比重的比值度量资源禀赋系数（*RE*），忽略了其他产业及第二产业中石油和天然气的作用，导致资源禀赋的回归系数略有下降；其次，能源价格（*EPR*）的回归系数并未发生大的变化，说明煤炭作为中国一次能源供应的主要形式，其价格大体代表了总体能源价格的变化趋势及对碳排放的作用。

表 5 - 13　　模型及变量指标选取的稳健性检验结果

模型类别 / 解释变量	空间面板数据模型							传统面板数据模型
	模型（1）	模型（2）	模型（3）	模型（4）	模型（5）	模型（6）	模型（7）	模型（8）
RE	0. 028 *	0. 049 *	0. 047 **	0. 045 **	0. 041 *	0. 033	0. 034	-0. 322 **
	(1. 805)	(1. 801)	(2. 059)	(2. 159)	(1. 791)	(1. 197)	(1. 288)	(-1. 988)
$W^{*}_{TN}\varepsilon$	0. 248 *	0. 249 **	0. 167 ***	0. 257 *	0. 219 *	0. 254 *	0. 152 *	—
	(1. 794)	(2. 096)	(2. 702)	(1. 712)	(1. 706)	(1. 728)	(1. 708)	
PI	0. 225 *	0. 714 *	1. 129 **	1. 152 *	1. 219 **	0. 915	1. 259 *	0. 459
	(1. 712)	(1. 809)	(2. 248)	(1. 753)	(1. 975)	(1. 159)	(1. 881)	(1. 298)
EEF	—	-1. 239 *	-1. 489 *	-1. 151 ***	-1. 583 *	-1. 344 *	-0. 148	5. 519
		(-1. 774)	(-1. 871)	(-3. 129)	(-1. 762)	(-1. 884)	(-1. 674)	(1. 627)
ESTR	—	—	-0. 172 *	0. 312 *	-0. 473 **	0. 373 *	1. 152 *	-0. 948 **
			(-1. 789)	(1. 849)	(-2. 256)	(1. 709)	(1. 821)	(-1. 997)
ISTR	—	—	—	1. 551 *	1. 217 ***	1. 156 *	0. 468 *	1. 329 *
				(1. 819)	(2. 808)	(1. 699)	(1. 778)	(1. 698)
MOP	—	—	—	—	-0. 029 *	-1. 329	-0. 252	0. 098
					(-1. 879)	(-1. 209)	(-0. 187)	(1. 673)
FDI	—	—	—	—	—	-0. 184	-0. 319	-2. 243
						(-1. 009)	(-1. 232)	(-1. 187)
EPR	—	—	—	—	—	—	-0. 448	-0. 337
							(-1. 415)	(-1. 529)

续表

模型类别 / 解释变量	空间面板数据模型							传统面板数据模型
	模型（1）	模型（2）	模型（3）	模型（4）	模型（5）	模型（6）	模型（7）	模型（8）
空间相关性检验与统计检验								
莫兰指数	2.158*	2.125	2.320	1.880	1.832	1.715	1.529	5.120**
（残差）	（1.690）	（1.152）	（1.516）	（1.419）	（1.529）	（1.552）	（1.617）	（2.216）
LM - Error	8.259*	12.125*	10.005*	9.528*	7.240*	7.520*	7.019*	3.222**
	（1.903）	（1.719）	（1.719）	（1.816）	（1.816）	（1.906）	（1.750）	（2.109）
稳健性 LM - Error	3.152*	3.208**	4.150*	4.158*	4.528	3.504	3.118**	2.520*
	（1.817）	（2.059）	（1.860）	（1.789）	（1.126）	（1.516）	（2.105）	（1.850）
LM - Lag	8.250*	9.335	11.606*	11.008*	8.526*	9.004	8.529**	2.339*
	（1.714）	（1.159）	（1.878）	（1.699）	（1.785）	（1.159）	（2.125）	（1.720）
稳健性 LM - Lag	4.520**	4.415**	4.361**	4.225**	3.007**	3.332*	2.548**	2.007
	（1.969）	（2.330）	（2.005）	（2.125）	（2.126）	（1.699）	（2.052）	（1.529）
$\overline{R}^2$	0.352	0.389	0.410	0.587	0.611	0.712	0.768	0.54
Log - L	133.748	136.528	139.201	144.817	150.851	157.419	162.397	110.208
样本量	570	570	570	570	570	570	570	570

注：回归系数下方括号内为对应的 t 值，***、**、* 分别表示在 1%、5% 和 10% 的显著性水平下显著。

表 5-14 模型及变量指标选取的稳健性检验结果

被解释变量 / 解释变量	*PI*	*EEF*	*ESTR*	*ISTR*	*MOP*	*FDI*	*EPR*
ϕ_0	8.152** (2.112)	0.174 (-1.258)	8.218* (1.795)	2.007* (1.705)	0.185 (-1.615)	1.023 (1.459)	-7.10* (-1.808)
$\ln y_0$	0.205* (1.715)	0.159 (1.689)	0.155* (1.719)	-0.204 (1.112)	1.151* (1.916)	0.215** (2.158)	1.158 (1.137)
RE	-0.228* (-1.718)	-0.021* (-1.818)	0.154** (2.049)	0.179* (1.881)	-0.132* (-1.754)	-0.127* (-1.706)	-0.222** (-1.971)
统计检验							
$\bar{R}^2$	0.121	0.209	0.217	0.306	0.119	0.145	0.205
样本量	570	570	570	570	570	570	570

注：回归系数下方括号内为对应的 t 值，**、* 分别表示在 5% 和 10% 的显著性水平下显著。

第四节　本章小结

本章研究表明，省际经济增长与碳排放具有空间正相关性和集聚特征。在对空间相关性的具体来源进行检验的基础上，本书构建个体固定效应空间滞后面板数据模型研究资源禀赋通过经济增长对碳强度影响的传导机制，构建个体固定效应空间误差面板数据模型研究资源禀赋通过碳排放对碳强度影响的传导机制。研究结论表明，资源禀赋对经济增长的效应显著为负，说明在中国省级层面确实存在“资源诅咒”现象，这种“诅咒”效应不仅体现在经济领域，同样体现在生态环境领域。从对资源禀赋影响经济增长的传导机制分析可以看出，资源禀赋通过促进实物资本投资对经济增长起促进作用，进而有利于碳强度的下降，但除此之外，资源禀赋通过对人力资本投资与企业研发投入等产生“挤出效应”、强化政府对经济的干预和阻碍制造业发展等途径阻碍经济增长，导致碳强度上升；对资源禀赋影响碳排放的传导机制研究表明，资源禀赋抑制碳排放增长的主要途径是“资源诅咒”效应，通过降低人均收入进而抑制能源消费和碳排放增长。尽管如此，资源禀赋通过提高煤炭在能源消费结构中的比重和第二产业在国民经济中的比重、降低能源价格、降低市场开放度、阻碍外资流入和降低能源效率的途径推动碳排放上升，导致碳强度上升。

第六章　碳强度减排目标约束下碳排放权的省际分配研究

中国政府向国际社会承诺，到2020年、2030年实现碳强度相对于2005年分别下降40%—45%、60%—65%。然而，各省份GDP差距悬殊，各省份碳强度与全国碳强度之间存在非线性的关系，导致各省份碳强度的简单线性加总并不等同于全国碳强度。因此，碳强度减排约束指标在实施过程中最终还要转化为碳排放总量约束指标，并在省级乃至更小行政单元进行分配，这也是建立碳交易市场机制的基础和前提。中国能否在2020年、2030年如期兑现减排承诺，从一定程度上说，依赖于能否将碳排放权总量指标进行公平、高效地分配。因此，研究碳排放权分配方案及其实现途径，使其兼具坚实的理论基础和灵活、高效的运行效率，具有重要的理论和现实意义。

碳排放权的分配不仅仅是一个环境问题，更是一个涉及区域差距、技术变化、产业转型与能源结构升级等多种因素的社会经济问题，并对各参与主体的未来发展权益、减排成本和减排效果产生重要影响。目前对碳排放权的分配一般有免费发放和拍卖两种方式。前者可以有效避免因排放权分配产生的利益冲突和矛盾，但不符合“污染者付费”原则，从全社会的角度看有失公平，且容易引发“逆向选择”问题，企业为了获得更多的配额将消极减排。后者能实现碳排放权的优化配置，且拍卖价格对于排放权交易市场的长期出清价格具有参考价值，但通过拍卖方式获得碳排放权，无疑将提高企业减排的成本，实施过程中遇到的阻力较大。因此，免费发放和拍卖的方式均不适用于中国当前国情。本章将“十二五”时期①碳强度减排目标转化为碳排放权总量约束指标，利用零和收益—数据包络分析方法研究碳排放权的省际分配效率问题，并与基于人际公平原则、溯往原则、支付能力原则下的分配结果及实际排放数据相对比，分析各省份在不同原则下获得的碳排放权及减排压力的变化，从而为中国将来实施碳排放权总量指标的省际分配提供理论方法和实证依据。

第一节　国际碳排放权分配方案及其公平性

出于维护国家利益和推动全球气候谈判的需要，以往研究成果大多侧重于国家间碳排放权的分配。尽管国家间与一国之内不同地区间的分配方案有一定区别，但深入研究国家间碳排放权分配方案及其公平性，对于制定公平、高效的国内碳排放权分配方案具有重要的借鉴意义。现有的国家间碳排放权分配方案有以下几种。

一　“紧缩趋同”方案

Meyer 提出“紧缩趋同”方案，即在全球碳排放总量下降的前提下，发达国家人均排放逐渐下降，发展中国家人均排放逐渐上升，两者在未来某个时点达到一致（见图 6 - 1）。②

---

① 本书以“十二五”时期为研究时段，出于以下三方面的考虑：第一，由于中国特殊的国情和宏观调控体系，经济发展呈现明显的阶段性特征，一般以“五年规划”作为分界点，“十二五”期间的数据是目前所能得到的“五年规划”的最新数据；第二，在拥有实际排放数据的前提下，不仅可以分析各省份在不同原则下获得的碳排放权的多少，还可以将碳排放权与历史排放量相比较，分析各省份在不同原则下减排压力的变化；第三，减少分析的不确定性。在以碳强度作为减排约束指标的情况下，要计算某一时期内的碳排放权总量，显然需要 GDP 数据。若以未来时间段作为研究时段，还需要假设不同情景下的经济增长速度，这将增加分析的不确定性，降低实证结论的稳健性和可信性。

② Meyer A. Briefing, “Contraction and Convergence”, *Proceedings of the ICE - Engineering Sustainability*, 2004, 157 (4).

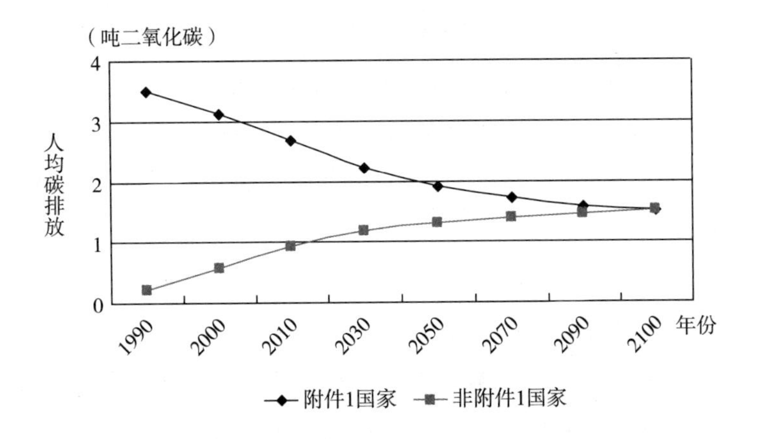

图 6－1　“紧缩趋同”方案示意

注：附件 1 国家指发达国家，这些国家在其工业化历史进程中排放了大量碳，当前碳排放呈下降趋势；非附件 1 国家指发展中国家，这些国家当前正处于工业化、城市化加速阶段，碳排放快速上升。下同。

资料来源：Meyer（2004）。

据 IPCC（2013）的研究结论，发展中国家将承担气候变化可能造成损失的 75%，这一方面是因为发展中国家经济技术条件落后，抵御气候灾害的能力较弱；另一方面发展中国家大多处于低纬度地区，如亚洲、非洲和拉丁美洲，以全球变暖为主要特征的气候变化将给这些国家的生产、生活秩序及公共卫生安全带来巨大危害，而发达国家大多处于高纬度地区，如欧洲和北美洲，气候变暖导致这些地区温度上升，在一定程度上反而有利于其农业生产和人民生活。[①]“紧缩趋同”方案默认历史、现实及未来相当长时期内实现趋同过程的不公平，没有体现对发展中国家作为全球气候变化主要受害者的利益补偿，致使其未来排放空间和发展权益受到严重挤压，在一定程度上是对发达国家的包庇和纵容。因此，“紧缩趋同”方

① Cuasch, U., Wuebbles, D., Chen, D., et al., “Climate Change 2013: The Physical Science Basis. Contribution of Working Group Ⅰ to the Fifth Assessment Report of the Intergovernmental Panel on Climate Change”, *Computational Geometry*, 2013, 18 (2).

案是一种不公平、非正义的方案。

二 “两个趋同”与“动态两个趋同”方案

“紧缩趋同”方案无视发展中国家的实际国情与正当发展权益，因而遭到发展中国家学者的一致反对。陈文颖、吴宗鑫、何建坤在“紧缩趋同”方案的基础上提出“两个趋同”方案。该方案的核心内容是主张从过去某个时点到未来某个时点内（例如1990—2100年），不但各国人均碳排放要达到一致，而且在实现人均碳排放趋同的过程中不同国家人均累积碳排放也要达到一致[①]（见图6－2）。

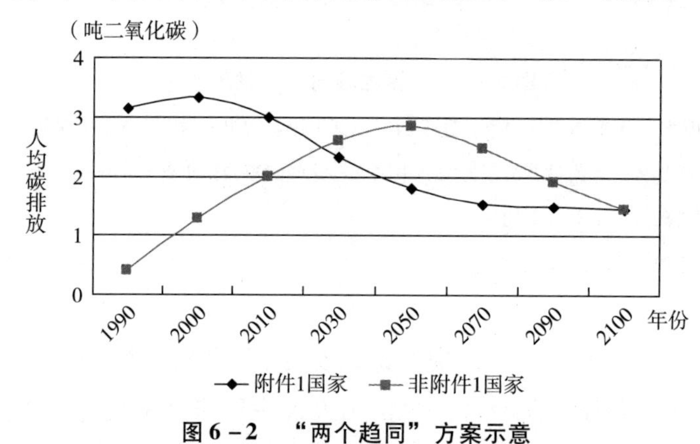

图6－2 “两个趋同”方案示意

资料来源：陈文颖、吴宗鑫、何建坤（2005）。

“两个趋同”方案不仅强调发达国家为其在工业化进程中产生的历史排放责任买单，而且考虑到发展中国家因处于较低发展阶段，在相当长的一段时期内面临着发展经济、改善民生的艰巨任务，对能源消费和碳排放空间有着正当且刚性的需求。因此，该方案相对于“紧缩趋同”方案更加符合发展中国家的实际国情和利益诉求。然而，不同国家具有不同的碳排放演变路径，“两个趋同”方案以相同年份作为起点，实际上忽略了发达国家和发展中国家因工业化先后顺序不同对人均累积排放计算造成的影响。为此，李开

① 陈文颖、吴宗鑫、何建坤：《全球未来碳排放权“两个趋同”的分配方法》，《清华大学学报》（自然科学版）2005年第6期。

盛提出基于工业化进程的“动态两个趋同”方案①，主张以不同国家工业化开始年份作为计算其人均累积排放的起点，到统一目标年实现不同国家人均累积排放一致②（见图6－3）。

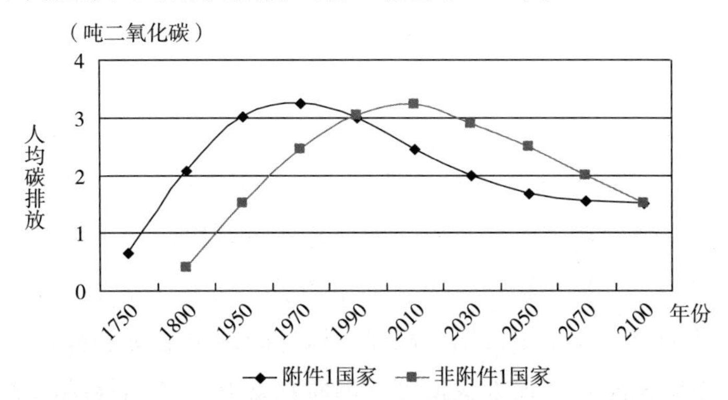

图6－3　基于工业化进程的“动态两个趋同”方案示意

资料来源：李开盛（2012）。

“动态两个趋同”方案相对于“两个趋同”方案和“紧缩趋同”方案更关注公平原则，追溯发达国家工业化进程中的历史排放责任，强调发展中国家的未来排放需求，体现发展中国家作为气候变化主要受害者和处于较低发展阶段的利益诉求。但经济社会发展是一个连续渐变的过程，面对各国不同的国情和发展道路，要清晰界定各国工业化进程的起始年份并非易事，而且考虑到发达国家与发展中国家工业化进程中内外部环境的差异，这一方案也并非完全公平。史料表明，发达国家的工业化和财富积累过程不但没有受到资源环境方面的约束，而且还是建立在对殖民地掠夺和不公正的国际经济旧秩序基础上的。因此，如果一种减排方案不能体现发达国家对发展中国家的利益补偿，对发展中国家在节能减排领域提供资金和技术援助，将很难说是一种公平、正义的方案。

---

①　原文《论全球温室气体减排责任的公正分担——基于罗尔斯正义论的视角》中表述为“动态二个趋同”，本书为符合表达习惯及与“两个趋同”的承接关系，在不改变其原意的情况下，改为“动态两个趋同”。

②　李开盛：《论全球温室气体减排责任的公正分担——基于罗尔斯正义论的视角》，《世界经济与政治》2012年第3期。

三　基于终端消费原则的碳排放责任界定

国际贸易与分工的发展使产品生产和消费地域分离，导致碳排放责任界定出现争议，产生内涵排放问题（Embedded Emissions in Trade）。樊纲、苏铭、曹静认为，最终消费而不是商品生产才是导致碳排放和全球气候变化的根本原因。[①] 因此，依据最终消费排放相对于实际排放来界定各国排放责任更为公平，并建议以1850年以来各国人均累积消费排放作为公平分担减排责任与义务的主要指标。通过计算表明，大部分发达国家累积消费排放均大于其累积国内实际排放，发展中国家实际上在为发达国家的奢侈性消费买单，所以发达国家不仅要在其国内减排，而且应通过资金和技术转移帮助发展中国家减排。该方案最显著的特点是基于产品终端消费原则而非生产属地原则来界定各国排放责任，从而解决了因国际贸易产生的排放责任纠纷，而且通过将碳排放权与国民福利联系起来，使该方案具备坚实的理论基础和较强说服力。然而，该方案仅以1850年以来的各国人均累积消费排放作为分担减排责任的主要指标，忽略了发达国家在此之前工业化、城市化进程中的排放责任，对正处于工业化、城市化阶段的多数发展中国家显然不公平。

四　国别排放账户方案

国务院发展研究中心课题组从“任何一国均没有无偿对他国施加净外部危害的权利”原则出发，提出碳排放国别账户方案，主张以气候安全允许的排放量为全球碳排放总预算并按人均累积相等原则在国别间分配。[②] 通过测算各国排放账户当前余额得出结论：从总量角度看全球必须减排，目前多数发达国家账户呈赤字状态，需筹集大量预算才能满足到目标年排放账户预算硬约束的要求，而大多数发展中国家账户呈盈余状态。文章还指出，中国的计划生育政策和相对于发达

---

① 樊纲、苏铭、曹静：《最终消费与碳减排责任的经济学分析》，《经济研究》2010年第1期。

② 国务院发展研究中心课题组：《二氧化碳国别排放账户：应对气候变化和实现绿色增长的治理框架》，《经济研究》2011年第12期。

国家相同阶段较为低碳的发展模式为全球减排做出了重要贡献。

国别排放账户方案具有以下优点：第一，作为一种自上而下的减排方案，国别排放账户方案能保障全球减排目标的实现，满足全球碳排放“不超过气候安全允许的最大排放量”这一刚性要求。第二，该方案坚持人均累积排放相等原则，体现了公平与正义原则。第三，该方案在理论层面上解决了因国际贸易产生的内涵排放问题。在各国排放权界定清晰的条件下，具有稀缺资源特征的碳排放权和其他生产要素一样，其价值包含在出口产品价格之中，进口国家在购买产品的同时也在为其消费的碳排放权买单。第四，该方案灵活的机制设计使其可与碳税、排放权交易等行政及市场减排机制兼容，可操作性大大增加，而且可以满足碳排放权配置静态效率最优和促进技术进步动态效率最优的要求。

但该方案也存在一些缺点或不足之处，有待于改进和完善。首先是关于内涵排放的计算问题。该方案虽然考虑了内涵排放问题，但要具体计算自工业革命以来各国之间的内涵排放[①]，显然需要足够的数据支持。在世界贸易组织前身关贸总协定 1947 年成立以前，国际贸易缺乏足够精准的数据记录，而且由国际资本流动产生的内涵排放计算更为复杂，所有这些使得内涵排放的计算几乎不可能。其次是正如课题组所言，减排博弈是一个复杂多变的过程，排放账户体系本身并不能保证其预算约束是硬的，这就需要通过账户体系外的国际谈判达成共识来保证排放账户预算约束的权威性，但目前显然缺乏这样的机制。

五　全球碳预算方案

潘家华等基于人文发展理念提出全球碳预算方案，主张全球气候治理应首先保障人的基本生活与发展需求排放，遏制奢侈需求排放。[②] 该方案以气候安全允许的排放量为全球碳预算总量，将其以国家为单位按人均累积相等原则无偿分配，并根据排放账户盈余

---

① 史料表明，工业革命前全球国际贸易量极小，而且各国人均碳排放也相差不大。

② 潘家华：《人文发展分析的概念构架与经验数据——以对碳排放空间的需求为例》，《中国社会科学》2002 年第 6 期。

（或亏空）进行国际或代际层面上的转移支付，最终使各国在预定年份内达到预算账户平衡。

该方案的优点：首先，基于自上而下的总量控制方法可以满足在控制碳排放方面的刚性要求；其次，人际公平原则和人文发展理念使该方案具备坚实的理论基础和较强说服力，国家的排放权利和减排义务不再单纯依赖政府间通过谈判和博弈来确定，而是由分配标准确定；政治上的讨价还价转变为对分配标准和分配原则的讨论，增强了谈判内容的客观性,[①] 易于被国际社会所接受；该方案灵活的机制设计使其可与碳交易、碳税等市场及行政减排机制兼容，具备较强的可操作性，满足碳排放权配置的最优效率要求。

然而，该方案同样面临一系列问题有待于解决。第一，面对各国不同的国情、消费模式和文化背景，如何界定、量化人的基本需求成为该方案面临的首要问题。第二，该方案对国际贸易中产生的内涵排放问题缺乏考虑。当前碳排放计算采用商品生产属地原则，作为“世界工厂”的新兴经济体和其他发展中国家在向发达国家出口商品的同时，也在为发达国家居民消费产生的碳排放买单，显然不符合公平、正义原则。第三，该方案规定个人拥有的碳预算份额可以随人口在国家间转移，但没考虑人口增长对一国和个人碳预算份额的影响。从这个角度说，该方案对正处于人口增长阶段的发展中国家不利，因为在一国碳预算总量一定的情况下，人口数量增加必然稀释其人均碳排放预算。而如果依据人口增长扩充其碳预算份额，部分国家为了获得更多的碳预算份额可能会鼓励人口增长，又难以有效遏制全球气候变化，两者存在一定程度上的内在冲突。第四，学者对各国初始碳预算份额是否需要依据各国在气候、地理、资源禀赋等方面的不同做适量调整持不同意见。赞同调整者认为，消除这些因素对碳预算份额的特殊影响，以使不同自然条件及资源禀赋国家的居民享受同等福利，可

---

① 潘家华：《人文发展分析的概念构架与经验数据——以对碳排放空间的需求为例》，《中国社会科学》2002 年第 6 期。

以进一步体现公平、正义原则。而反对者认为，各国在气候、地理、资源禀赋等方面差异巨大，将这些因素考虑在内将增加技术上的复杂程度，而且可以预见不同国家的学者将很难就调整依据和幅度等问题达成共识。更重要的是，依据资源禀赋对各国初始预算份额进行调整，使以煤炭为主的国家得到更多预算份额，显然与鼓励发展清洁能源、优化能源结构的趋势相背离，这些问题有待于进一步深入研究。

第二节　碳排放权总量的计算

本书以“十二五”期间为研究时间段，其优点是不仅可以分析各省份在不同原则下获得碳排放权的多少，而且将不同原则下获得的碳排放权与实际排放数据对比，探讨各省份在不同原则下减排压力的变化，进而为制定科学、合理的减排方案提供实证依据。

本书依据式（4-1）和表4-1计算得到2010年中国二氧化碳排放量为8.389×10^9吨。2010年中国GDP总量为41.3万亿元（按当年价格）。因此，依据碳强度的定义可求得2010年的碳强度：

$$CI_{2010}=\frac{CO_{2\,2010}}{GDP_{2010}}=2.03\text{ 吨二氧化碳/万元} \qquad (6-1)$$

按照《“十二五”节能减排综合性工作方案》中提出的减排目标，即到2015年实现碳强度相对于2010年下降17%，则可求得在实现“十二五”碳强度减排目标的前提下，中国2015年的碳强度值：

$$CI_{2015}=CI_{2010}\times(1-17\%)=1.69\text{ 吨二氧化碳/万元} \qquad (6-2)$$

为计算在实现“十二五”碳强度减排目标的前提下中国可以排放的二氧化碳量，需要知道2015年中国的实际GDP总量。本书计算出以2010年不变价格表示的中国2015年实际GDP为47.19万亿元。将2015年的实际GDP乘以2015年的碳强度，计算得到在实现“十二五”碳强度减排目标的前提下2015年“允许”排放的二氧化碳量：

$$CO_{2_{2015}}=CI_{2015}\times GDP_{2015}=7.975\times10^9\text{ 吨二氧化碳} \qquad (6-3)$$

由此可知，在完成“十二五”碳强度减排目标的前提下，2015年中国的碳排放空间为79.75亿吨二氧化碳，这也是2015年中国各省份碳排放权总量的上限。

第三节 ZSG－DEA模型及其应用

评价相同部门间相对技术有效性常用的方法是数据包络分析（Data Envelopment Analysis，DEA）。但传统DEA模型假设每个决策单元（DMU）对投入或产出的决策具有完全的独立性。但是由于投入（或产出）变量之间的相关性，依据传统DEA模型得到的效率值和松弛变量在调整过程中难以达到有效边界，传统DEA模型在投入（或产出）变量总和一定的情况下不再适用。针对这一问题，Lins等提出ZSG－DEA模型，该模型沿用了“零和博弈”的基本思想，因为在投入（或产出）变量总和一定的前提下，一决策单元增加或减少投入（或产出）必然导致其他决策单元减少或增加投入（或产出）。①

在投入导向的DEA模型中，假设DMU_k非DEA有效，x_j、y_j分别为投入和产出的原始值，θ为DMU_k在投入变量总和固定条件下的技术效率值。为实现DEA有效，DMU_k需减少某种要素的投入量，减少量$u=x_k(1-\theta)$，则其他决策单元必将增加该要素的投入量。至于$u=x_k(1-\theta)$如何在$(n-1)$个决策单元之间分配，Lins等提出两种策略：第一种是等量增加策略，即$u=x_k(1-\theta)$被$(n-1)$个决策单元均分，每一个决策单元增加该要素的投入量为：$x_j^{\Delta}=\dfrac{x_k(1-\theta)}{n-1}$。第二种是比例增加策略，即按照其他决策单元对该种要素的投入量占比对$u=x_k(1-\theta)$进行分配，此时DMU_j从DMU_k分配到的该种要素量

① Lins，M. P. E.，Gomes，E. G.，João Carlos，C. B.，Soares de Mello，et al.，“Olympic Ranking Based on a Zero Sum Gains DEA Model”，*European Journal of Operational Research*，2003，148（2）.

为：$x_j^{\Delta} = \frac{x_j}{\sum_{j=1,j\neq k}^{n} x_j} \times [x_k(1-\theta)]$。[①]

具体到本书研究对象而言，在碳强度减排目标和 GDP 既定的情况下，碳强度减排约束指标等同于碳排放总量约束指标，各省份可以排放的碳总量是一定的，一省份增加排放，则意味着其他省份须减少排放，否则难以实现减排目标。本书中研究对象碳排放为非期望产出，在 ZSG - DEA 模型中“将非期望产出视为投入”是通常的处理思路之一。本书将碳排放作为投入变量，将人口、GDP 和能源消费量作为产出变量，其含义是当两个主体碳排放量相等时，GDP 更高、人口更多或能源消费量更多的主体碳排放效率更高；或当两个主体 GDP、人口或能源消费量相等时，碳排放量更低的主体更有效率。此外，没有任何证据表明碳排放的“生产”过程服从某一固定规模特征。故而本书构建投入导向、规模报酬可变的 ZSG - DEA 模型，研究碳排放权总量在各省份之间的分配问题：

$$\min_{\theta,\lambda} \theta_{rs}$$

$$\text{s.t.}\begin{cases} \sum_{j=1}^{30} \lambda_j C_j \left[1 + \frac{C_s(1-\theta_{rs})}{\sum_{j=1,j\neq s}^{30} C_j}\right] \leqslant C_s\theta_{rs} \\ \sum_{j=1}^{30} \lambda_j Y_j \geqslant Y_s \\ \sum_{j=1}^{30} \lambda_j E_j \geqslant E_s \\ \sum_{j=1}^{30} \lambda_j POP_j \geqslant POP_s \\ \sum_{j=1}^{30} \lambda_j = 1 \\ \lambda_j \geqslant 0, j = 1,2,\cdots,30 \end{cases} \tag{6-4}$$

① Lins, M. P. E., Gomes, E. G., João Carlos, C. B., Soares de Mello, et al., “Olympic Ranking Based on a Zero Sum Gains DEA Model”, *European Journal of Operational Research*, 2003, 148 (2).

式中，C 为碳排放权，Y 为 GDP，E 为能源消费量，POP 为人口数量，θ_{rs}为约束状态下第 s 个省份的技术效率，C_s、Y_s、E_s、POP_s 分别为第 s 个省份的碳排放量、GDP、能源消费量和人口数量。由以上分析可知，ZSG－DEA 模型综合考虑能源消费量、人口规模、经济产值等多种影响和体现经济社会发展的重要变量，以确定省际碳排放权的分配额度和分配效率，相对于传统原则①依靠单一变量分配碳排放权，更加具有综合性、全面性和实用性。式（6－4）为非线性规划，Gomes 等证明在满足“零和博弈”的条件下，约束条件下的技术效率 θ_{ri}与无约束条件下的技术效率 θ_i 存在如下转换关系：②

$$\theta_{ri} = \theta_i[1 + \frac{\sum_{j \in W} C_j(1 - \mu_{ij}\theta_{ri})}{\sum_{j \notin W} C_j}] \quad (6-5)$$

式中，$\mu_{ij} = \frac{\theta_i}{\theta_j}$，$\theta_i$ 和 θ_j 分别为传统 DEA 模型中决策单元 i 和 j 的技术效率值，W 为由式（6－4）计算所得技术效率不为 1 的省份组成的合作集。

第四节　实证结果与分析

本书构建 ZSG－DEA 模型对碳排放权总量在各省份之间进行分配，

---

① 本书中传统原则指人际公平原则、溯往原则和支付能力原则。人际公平原则即人均排放相等原则；溯往原则以基期经济产值或碳排放为核心指标分配碳排放权；支付能力原则以人口数量和人均 GDP 为核心指标分配碳排放权。依据支付能力原则，省份 i 可分配到的碳排放权为 C_i^A，则 $C_i^A = \frac{POP_i \times y_i^{-\alpha}}{\sum_{i=1}^{30} POP_i \times y_i^{-\alpha}} \times C_{2015}$。其中，$POP_i$ 和 y_i 为省份 i 在 2015 年的人口量和人均 GDP，C_{2015} 为中国 2015 年可供分配的碳排放权总量，α 表示人均 GDP 所占的权重，其取值范围为 $0 < \alpha < 1$。本书取 $\alpha = 0.5$，意味着对经济发展水平和人口规模赋予相同的权重。

② Gomes, E. G., M. P. E. Lins, “Modelling Undesirable Outputs with Zero Sum Gains Data Envelopment Analysis Models”, *Journal of the Operational Research Society*, 2008, 59 (5).

运用 DEAP2.1 和 EXCEL 对式（6－4）进行规划求解。由于在 ZSG－DEA 模型中，所有非 DEA 技术有效的决策单元都会重新分配自己的多余投入，以达到 DEA 有效。但即便按照式（6－4）重新调整要素投入，决策单元仍可能难以达到有效边界。针对这一问题，一种解决方法是 Gomes 等提出的比例削减法，[①] 另一种解决方法是林坦、宁俊飞使用的迭代法，[②] 本书选择使用第二种方法。经过多次迭代，实现碳排放权的多次再分配，最终使所有决策单元达到有效边界，新的 DEA 有效边界也被称为统一的 DEA 边界。求解结果见表 6－1。

表 6－1　　基于 ZSG－DEA 模型的 2015 年省际碳排放权分配结果及效率值

单位：万吨二氧化碳、%

省份＼分配指标	初始效率值	一次迭代效率值	二次迭代效率值	最终碳排放权	2015 各省份实际排放	最终排放账户盈亏	盈亏比例
北京	1.00	1.00	1.00	15408.65	15023.00	385.65	2.57
天津	0.78	0.91	1.00	11000.79	11528.20	－527.41	－4.57
河北	1.00	1.00	1.00	59449.87	60345.27	－895.40	－1.48
上海	0.89	0.99	1.00	18891.12	19350.58	－459.46	－2.37
江苏	0.75	1.00	1.00	59204.20	58959.01	245.19	0.42
浙江	0.66	0.99	1.00	37621.75	36993.72	628.03	1.70
广东	1.00	1.00	1.00	53820.75	52528.18	1292.57	2.46
山东	0.92	0.94	1.00	94222.13	93191.12	1031.01	1.11
辽宁	0.84	1.00	1.00	47768.20	49287.49	－1519.29	－3.08
福建	0.99	1.00	1.00	18207.90	18542.78	－334.88	－1.81
海南	0.79	1.00	1.00	3915.35	4002.44	－87.09	－2.18
东部地区	0.87	0.98	1.00	419510.70	419751.80	－241.10	－0.06
河南	0.85	1.00	1.00	48412.97	48440.51	－27.54	－0.06
安徽	0.89	0.92	1.00	24346.40	25077.22	－730.82	－2.91

① Gomes, E. G., M. P. E. Lins, "Modelling Undesirable Outputs with Zero Sum Gains Data Envelopment Analysis Models", *Journal of the Operational Research Society*, 2008, 59 (5).

② 林坦、宁俊飞：《基于零和 DEA 模型的欧盟国家碳排放权分配效率研究》，《数量经济技术经济研究》2011 年第 3 期。

续表

省份＼分配指标	初始效率值	一次迭代效率值	二次迭代效率值	最终碳排放权	2015各省份实际排放	最终排放账户盈亏	盈亏比例
湖北	0.96	0.96	1.00	23745.18	24961.86	-1216.68	-4.87
湖南	0.99	1.00	1.00	23838.97	24523.27	-684.30	-2.79
江西	0.99	1.00	1.00	13085.81	13200.58	-114.77	-0.87
吉林	0.89	1.00	1.00	12480.28	13501.98	-1021.70	-7.57
黑龙江	0.83	1.00	1.00	19010.82	19689.56	-678.74	-3.45
中部地区	0.91	0.98	1.00	164920.40	169394.99	-4474.59	-2.64
山西	0.72	0.90	1.00	35143.12	36093.39	-950.27	-2.63
重庆	0.81	0.89	1.00	11141.68	11562.15	-420.47	-3.64
四川	0.71	0.97	1.00	29698.45	30202.74	-504.29	-1.67
贵州	0.89	0.98	1.00	12989.66	13814.92	-825.26	-5.97
云南	0.56	0.93	1.00	15049.95	15676.97	-627.02	-4.00
陕西	0.70	0.78	1.00	21079.75	22013.59	-933.84	-4.24
甘肃	0.99	1.00	1.00	8448.38	8964.36	-515.98	-5.76
青海	0.67	0.95	1.00	3672.43	3604.54	67.89	1.88
宁夏	0.99	1.00	1.00	3848.63	4333.61	-484.98	-11.19
新疆	0.78	0.99	1.00	13335.00	13911.54	-576.54	-4.14
广西	0.67	0.93	1.00	13784.35	13705.26	79.09	0.58
内蒙古	0.87	0.97	1.00	44877.51	46227.17	-1349.66	-2.92
西部地区	0.78	0.94	1.00	213068.90	220110.25	-7041.35	-3.20
全国	0.85	0.97	1.00	797500.00	809257.00	-11757.00	-1.45

注：全国及东部、中部、西部地区的效率值为对应范围内各省份效率值的均值，碳排放权、实际排放量为其范围内各省份对应指标的加总。因为各省份排放量及盈亏额度的非线性特征，全国及东部、中部、西部地区的盈亏比例为其盈亏额除以其实际排放量，而非其范围内各省份盈亏比例的加总或均值。

表6-1显示，绝大部分省份基于ZSG-DEA模型的初始碳排放权分配效率值都小于1，说明与ZSG-DEA有效边界有一定距离。经历两次迭代运算之后，所有省份的碳排放权分配效率值都为1，碳排放权分配效率有了极大改善。两次迭代以后得到各省份最终碳排放权，青海、宁夏、海南、甘肃等省份获得较少的碳排放权，而

山东、河北、江苏、广东等省份获得较多的碳排放权。各省份最终碳排放权与2015年实际碳排放量的差额构成排放账户的盈亏。若排放账户为正，说明碳排放权高于实际碳排放量，在碳排放效率不变的情况下，这些省份几乎不存在减排压力，甚至可以增加排放；若排放账户为负，说明碳排放权低于实际碳排放量，在这种情况下，就面临较大的减排压力。从排放账户盈亏的绝对量上看，盈余量最大的五个省份分别为广东、山东、浙江、北京和江苏（按从大到小顺序排列，下同），亏空量最大的五个省份分别为辽宁、内蒙古、湖北、吉林和山西；从排放账户盈亏比例看，盈余比例最高的五个省份分别为北京、广东、青海、浙江和山东，亏空比例最高的五个省份分别为宁夏、吉林、贵州、甘肃和湖北。因此，排放账户盈余的省份多位于东部沿海，而排放账户亏空的省份多位于中西部地区。

中国30个省份的排放账户盈亏比例在-11.2%—2.6%，这说明相对于实际排放量而言，基于ZSG-DEA模型的碳排放权分配结果较为“均匀”，且与各省份实际排放较为接近，不仅能避免减排对各省份产能造成的巨大冲击，有利于减少实施过程中遇到的阻力，而且有利于形成竞争性的排放权交易市场结构。通过表6-1可以看出，虽经历两次迭代，各省份碳排放权有较大幅度的调整，但碳排放权总和保持不变，仍为79.75亿吨二氧化碳。①

第五节　ZSG-DEA模型分配结果与其他原则下分配结果的比较

为方便比较ZSG-DEA模型与传统原则分配结果的不同，本书将各省份在不同原则下获得的碳排放权进行汇总（见表6-2）。

① 正如林坦、宁俊飞（2003）等所言，排放权总量既定的假设并不意味着决策单元没有主动减排的激励。长期来看，各决策单元仍可以通过技术创新或产业结构调整等途径减少碳排放，并将盈余的碳排放权在市场上出售以获得收益。

表 6 - 2　　ZSG - DEA 模型与其他原则下碳排放权分配结果及分配效率的比较　　单位：万吨二氧化碳

原则 省份	ZSG - DEA 模型		传统 DEA 模型		人际公平原则下的碳排放权	溯往原则下的碳排放权		支付能力原则下的碳排放权
	最终碳排放权	最终效率	碳排放权	效率值		基于产值	基于碳排放	
北京	15408.65	1.00	12763.78	1.00	11756.63	25740.95	18636.80	4993.33
天津	11000.79	1.00	12735.90	0.77	7785.96	16824.02	12424.54	3664.67
河北	59449.87	1.00	61566.76	0.78	43107.43	37195.95	55133.88	39477.70
上海	18891.12	1.00	22359.78	0.64	13798.62	31308.05	26402.14	5418.85
江苏	59204.20	1.00	49927.48	0.97	47156.79	75553.50	42709.34	33424.92
浙江	37621.75	1.00	33464.29	0.93	32638.05	50561.05	34167.48	20216.47
广东	53820.75	1.00	44579.79	1.00	62567.17	83920.56	51251.21	38452.99
山东	94222.13	1.00	78042.51	0.65	57454.99	71439.65	49698.15	45678.12
辽宁	47768.20	1.00	51653.89	0.79	26216.46	33663.17	39603.21	21519.09
福建	18207.90	1.00	15083.08	0.82	22130.20	26975.33	17860.27	18132.30
海南	3915.35	1.00	3242.77	0.84	5204.77	3765.32	2329.60	5540.43
河南	48412.97	1.00	46242.21	0.87	56362.00	42116.86	41156.28	63732.27
安徽	24346.40	1.00	21519.94	0.95	35695.40	22541.39	25625.61	47831.76
湖北	23745.18	1.00	25514.61	0.78	34324.36	29513.93	35720.54	39078.24
湖南	23838.97	1.00	23557.32	0.89	39371.13	29250.75	26402.14	45773.64
江西	13085.81	1.00	12424.15	0.88	26739.89	17237.66	12424.54	31088.91
吉林	12480.28	1.00	18832.74	0.57	16458.93	16649.11	19413.34	16499.70

续表

原则 / 省份	ZSG－DEA 模型		传统 DEA 模型		人际公平原则下的碳排放权	溯往原则下的碳排放权		支付能力原则下的碳排放权
	最终碳排放权	最终效率	碳排放权	效率值		基于产值	基于碳排放	
黑龙江	19010.82	1.00	25586.85	0.69	22971.55	18910.67	22519.47	22335.38
山西	35143.12	1.00	54617.90	0.52	21417.78	16780.98	45815.48	21032.78
重庆	11141.68	1.00	10613.71	0.89	17286.00	14455.03	21742.94	20424.89
四川	29698.45	1.00	24596.63	0.78	48208.94	31343.61	51251.21	63732.27
贵州	12989.66	1.00	18426.37	0.57	20847.45	8393.68	23296.01	37254.58
云南	15049.95	1.00	18196.67	0.66	27574.96	13175.79	21742.94	35196.47
陕西	21079.75	1.00	21292.60	0.89	22383.23	18463.65	17083.74	26217.15
甘肃	8448.38	1.00	13210.99	0.88	15340.61	7515.68	14754.14	21267.24
青海	3672.43	1.00	3040.18	1.00	3373.76	2462.91	4659.20	3786.25
宁夏	3848.63	1.00	8175.06	0.33	3793.00	3081.75	11648.00	4107.56
新疆	13335.00	1.00	17648.95	0.64	13094.21	9917.13	14754.14	12192.41
广西	13784.35	1.00	11414.30	1.00	27625.29	17453.97	16307.20	36316.71
内蒙古	44877.51	1.00	37168.80	0.98	14814.45	21287.86	20966.41	13112.92
全国	797500.00	1.00	797500.00	0.82	797500.00	797500.00	797500.00	797500.00

注：全国的效率值为各省份效率值的均值，全国的碳排放权为各省份碳排放权的加总。

从表6－2可以看出，各省份在不同原则下的分配结果存在很大差异，即使同一省份在不同原则下获得的碳排放权及未来排放空间也相差悬殊。因此，无论按哪一种原则付诸实施，都会遇到较大的阻力。例如，人际公平原则下，广东、山东、河南、四川等人口大省获得较多的碳排放权，而人口数量较少的青海、宁夏、海南、天津等省份获得较少的碳排放权。山东、内蒙古、辽宁、河北等省份排放账户呈现较大的缺口，未来减排压力较大，而四川、湖南、广西、江西等省份的排放账户呈现较多的盈余，不仅不存在减排压力，甚至可以增加排放。尽管如此，各省份排放账户盈余或赤字的原因各不相同，如陕西、山西两省人口数量接近，因此基于人际公平原则其获得的碳排放权额度也相差无几，但前者排放账户为盈余，而后者排放账户为赤字，主要原因是山西作为中国重要的能源基地，“一煤独大”产业格局导致其实际排放的碳较多，而陕西虽然同为中国重要的能源基地，但油气资源较为丰富，实际排放的碳相对较少。

在基于产值的溯往原则下，经济总量较大的省份如广东、江苏、山东、浙江、河南等获得较多的碳排放权，而经济总量较小的省份如青海、宁夏、海南、甘肃等获得较少的碳排放权。广东、江苏、浙江、上海等沿海省份因为经济总量大，而且产业结构相对优化、能源效率较高，其碳排放占中国碳排放总量的比重低于其经济产值占中国经济产值总量的比重，故而排放账户呈现盈余状态，而能源、钢铁大省如内蒙古、河北、山西等省份产业结构“重型化”和能源结构“高碳化”特征显著，且能源利用效率较低，其碳排放占中国碳排放总量的比重高于其经济产值占中国经济产值总量的比重，故而排放账户呈现较大赤字。

在基于碳排放的溯往原则下，河北、广东、四川、山东等省份获得较多的碳排放权，而海南、青海、宁夏、江西等省份获得较少的碳排放权。四川、湖北、重庆、山西等省份的排放账户呈现较多的盈余，说明这些省份“十二五”期间在减排方面取得较大进展，其碳排放占中国碳排放总量的份额相对于2010年呈下降趋势，而山东、内蒙古、江苏、辽宁等省份的排放账户呈现较大的赤字，说明其碳排放占中国碳排放总量的份额相对于2010年呈上升趋势，未来面临较大的减排压力。

在支付能力原则下，天津、青海、宁夏、北京、上海等省份获得较少的碳排放权，而四川、河南、安徽、湖南等省份获得较多的碳排放权。需要指出的是，支付能力原则不单纯依据经济发展水平分配碳排放权，还考虑人口数量的多少。例如北京、广东同属于东部经济发达省份，以人均GDP衡量的经济发展水平相当，但后者因为人口较前者多，所以获得的碳排放权也较多。排放大省如山东、内蒙古、辽宁、江苏、河北等的排放账户呈现较大缺口，而经济欠发达省份如四川、贵州、安徽、广西等的排放账户呈现较多的盈余。

基于传统DEA模型的省际碳排放权分配结果显示，除北京、广东、青海、广西四省份的碳排放权分配效率值为1外，其余省份的碳排放权分配效率都没有达到最优，特别是宁夏、山西、贵州、吉林等省份的碳排放权分配效率值小于0.6，说明基于传统DEA模型没有实现碳排放权的优化配置，其分配效率有待于进一步提高。

经过两次迭代，基于ZSG-DEA模型的省际碳排放权分配结果使得所有省份最终碳排放权分配效率值都为1，极大地改善了省际碳排放权的分配效率。通过比较基于ZSG-DEA模型的碳排放权分配结果与其他原则下的分配结果可知，ZSG-DEA模型主要基于效率视角分配碳排放权，但其有别于溯往原则，不存在激励的负效应问题，而且绝大部分省份的碳排放权分配额度都接近其实际排放量，有利于避免因减排对各省份产能造成的大规模冲击，对绝大部分省份没有“偏爱”，实施过程中遇到的阻力较小。因此，运用ZSG-DEA模型对碳排放权进行分配具有较强的可行性。

需要指出的是，基于ZSG-DEA模型的碳排放权分配方案同样不符合“污染者付费”原则。从区域层面分析，东部、中部、西部三个地区分配到的碳排放权分别占全国碳排放权总量的 52.6%、20.7% 和 26.7%，排放账户亏空比例分别为 -0.06%、-2.64% 和 -3.20%，说明 ZSG - DEA 模型主要基于效率视角分配碳排放权，缺乏对公平原则的考量，基于 ZSG - DEA 模型的碳排放权分配结果不利于缩小区域差距，应辅之以相关的配套政策如生态补偿等，最终实施的碳排放权分配方案应该兼顾公平原则和效率原则。此外，就盈亏比例而言，中国 30 个省份的排放账户盈亏比例在 -11.2%—2.6%，这说明相对于实际排放量而言，基于 ZSG - DEA 模型的碳排放权分配结果较为“均匀”，有利于形成竞争性的碳排放权交易市场结构。然而，就盈亏省份的个数而言，中国 30 个省份中有 23 个省份排放账户为赤字状态，而只有 7 个省份为盈余状态，碳排放权交易市场上供需双方数量相差悬殊，又不利于形成良性竞争的市场秩序。

第六节 减排政策工具的比较与选择

同减排方案一样，在减排政策工具选择方面，不同学者也存在很大分歧，不同政策工具的理论特点及优缺点的比较需要有统一标准。刘培林提出比较不同政策工具的四项标准，即保障全球减排目标的实现、公平性、实现排放限额配置静态效率最大化和促进减排技术进步与扩散的动态效率最大化。[①] 本书基于这四项标准分析不同政策工具的理论特点及优缺点。

一 行政管制

现阶段最常用的行政管制形式是行业标准化，一般来说国内或国际行业组织要求行业内企业单位产出达到某种排放标准或规定可

---

① 刘培林：《全球气候治理政策工具的比较分析——基于国别间关系的考察角度》，《世界经济与政治》2011 年第 5 期。

再生能源的使用比例。这种管制对企业来说具有确定性，并可充分利用规模经济效应，但这种行政命令式的管制方式也有其严重缺陷。首先，监督、核查成本高昂且容易滋生寻租与腐败现象；其次，不同国家（地区）具有不同的特点和实际情况，却执行同样的管制标准，难以保证公平；最后，该方案无法满足排放权配置静态效率最优和促进技术进步动态效率最优的要求。

二 碳排放权交易

碳排放具有全球公共物品属性和外部性特征，使得各国在减排行动上存在强烈的“搭便车”动机，这也是全球气候治理呈现“囚徒困境”局面的根本原因。[①] 科斯在《社会成本问题》一文中提出解决外部性的基本思想，这种思想的核心观点被后人概括为科斯定理，即只要产权是明晰的，并且交易成本为零或很小，那么无论将初始产权赋予市场的哪一方，市场均衡的最终结果都是有效率的，可以实现资源配置的帕累托最优。[②] 然而，在现实经济生活中，科斯定理所要求的前提条件往往难以满足，例如产权的界定可能很困难，交易成本也不可能为零，在某些情况下甚至很大。因此，依靠市场机制矫正外部性有一定困难。但科斯定理毕竟提供了一种通过市场机制解决外部性问题的新思路，正是在这种思路的指导下，美国和欧盟等国家向企业分配污染权，并允许排放账户盈余的企业将多余的污染权指标在市场上出售以获取经济利益，而排放账户亏空的主体则须从市场上买入污染权指标以实现其排放账户的平衡。由此可见，碳排放权交易是在清晰界定各主体碳排放权限的前提下，以碳排放权为交易对象的市场减排机制，因此通常也被称为基于限额的碳交易。通过实施污染权交易，提高了污染权作为一种“稀缺”资源的配置效率和经济主体“减污”的积极性，同时也为经济

---

① Ayres, R. U., “Sustainability Economics: Where do We Stand?”, *Ecological Economics*, 2008, 67 (2).

② Coase, R. H., “The Problem of Social Cost”, *Journal of Law and Economics*, 1960, 3 (1).

主体提供了选择不同途径减少污染的自由。

碳排放权交易具有以下几方面优点。第一，相对于碳税，碳排放权交易作为一种自上而下的减排机制，其在控制温室气体排放有效性方面优势更大；第二，碳排放权交易以价格机制为基础，具有较强灵活性，受到企业和各国政府青睐，且能使碳排放权的静态配置效率最优化；第三，在碳排放权界定清晰的前提下，碳排放权作为稀缺资源可以在国家、企业和个人层面出售以获得经济利益，能充分调动各减排主体的积极性，在促进技术进步与国际合作方面具有很大潜力；第四，关于其公平性方面，刘培林指出，如果把历史碳排放纳入全球碳排放许可范畴并在国别间公平划分，且将所有国家都纳入到该治理工具的适用范围内，这一机制就能体现公平原则。[①] 然而，碳排放权交易机制本身并不能保证公平的实现。此外，在碳排放权交易初期由于产权配置不当和（或）企业判断失误，可能导致碳排放权交易价格剧烈波动，对碳排放权市场效率和整体价格体系产生不良影响，这一点可以从欧盟碳排放权交易市场初期的运行状况中得到证实。

三　碳税

外部性产生的根本原因是私人成本（或收益）与社会成本（或收益）的不一致，使用税收或津贴的方法可以增加或减少私人成本（或收益），使之与社会成本（或收益）一致，这也是庇古税的基本思想。[②] 庇古针对企业排污提出，依据污染物的排放量及其危害程度对污染企业实施征税，后人将这种税称为庇古税。因此，庇古税是一种直接税，也是从量税。通过征收庇古税，增加企业污染的私人边际成本，使之与社会边际成本一致，从而减少企业排污的数量，达到社会“最优”的污染水平，庇古税在减排领域最直接的应

---

① 刘培林：《全球气候治理政策工具的比较分析——基于国别间关系的考察角度》，《世界经济与政治》2011 年第 5 期。

② 庇古税主要是针对负外部性而言的，对于正外部性，要给予产生正外部性的经济主体补贴使私人收益与社会收益一致，补贴可视为一种负的庇古税。

用就是碳税。

相对于行政管制和标准化，碳税具有以下优点：第一，碳税能修正排放外部性对市场造成的扭曲，平衡减排成本和收益，提高市场效率。陈诗一的研究表明，征收碳税短期内影响工业产出，但长期来看，影响较小，而且有利于实现2020年的碳强度减排目标。[①]第二，与碳排放权交易机制相比，碳税回避了在碳排放权分配问题上的争议，而且具有不需要国际协议就可以由个别国家实施的优点。第三，碳税收入可用来补贴减排对低收入人群造成的影响或发展清洁能源，也可用来减少对资本和劳动的税收。

碳税的主要缺点是：第一，在控制气候变化有效性方面它具有不确定性，因为现实中并不清楚“将温室气体排放水平控制在避免危险水平的安全价格”是多少，而且通过试错方法逐步改进税率的过程，可能会扰乱已有价格体系和经济秩序。第二，是否执行全球统一税率也众说纷纭。Cooper从效率最优化角度出发，主张对所有种类的温室气体征收同样税率的从量税，且覆盖所有国家，否则可能产生“碳泄漏”，[②] 难以有效控制温室气体排放水平。而反对者认为，对产业结构和发展阶段不同的国家执行统一税率，明显有违“共同但有区别的责任”原则。第三，碳税的监督成本极高，因为主权国家可以通过减免对企业的其他税收或增加补贴来抵消碳税的影响。

四　清洁发展机制与国家间减排协作计划

清洁发展机制（Clean Development Mechanism，CDM）是发达国家与发展中国家合作减排的重要机制，它允许发达国家的投资者在发展中国家实施有利于发展中国家可持续发展的减排项目，从而减少温室气体排放，以履行发达国家在《京都议定书》中所承诺的限排或减排义务，因此CDM也被称为基于项目的碳交易。该方法的优

---

① 陈诗一：《边际减排成本与中国环境税改革》，《中国社会科学》2011年第3期。

② Cooper，R. N.，The *Case for Charges on Greenhouse Gas Emissions*，The Harvard Project on Climate Agreements Discussion Paper Series：Discussion Paper 08－10，2008.

点是，不涉及碳排放权的分配等敏感问题，且减排成果由发达国家与发展中国家共享，容易为双方接受。然而，CDM 机制存在较多不足。首先，CDM 项目一般规模较小，主要是发达国家向发展中国家提供的资金和技术支持太少，难以满足现阶段减排的要求。从长远来看，发达国家缺乏向发展中国家进行资金、技术转让的激励机制。其次，其所在项目领域有严格限制。发达国家出于保护其核心技术与产业竞争力的考虑，将 CDM 项目限制在传统产业如电力、石化等领域，对技术扩散和提升发展中国家技术水平帮助有限。最后，CDM 资金的“事后支付”机制与现阶段发展中国家减排需要大量前期基础设施投资和技术设备更新之间存在时序上的错位。

出于弥补上述缺陷的目的，樊纲等提出国家间减排协作计划（Inter – Country Joint Mitigation Plan，ICP）。[①] 同 CDM 一样，ICP 同样是发达国家与发展中国家共同协作实施减排且成果由双方共享的机制，但它更注重政府的作用，强调发达国家在国家层面上的资金支持与技术转让承诺和发展中国家实施渐进减排策略的承诺，试图以国家间的信任及协议扭转 CDM 资金和技术的需求与供给之间时序上的错位，并进一步扩大资金、技术支持规模，以适应减排需要。但目前该方法还处于学术探讨与试验阶段，其减排效果有待于进一步验证。

第七节　本章小结

不同减排方案及政策工具对各省份未来发展权益和区域差距有重要影响。由于各省份碳强度与全国碳强度之间存在非线性的关系，碳强度减排指标在实施过程中最终还要转化为碳排放总量指标

---

① 樊纲：《走向低碳发展：中国与世界》，中国经济出版社 2010 年版，第 149—158 页。

并在各省份间分配，各省份在碳排放权分配问题上存在“零和博弈”的困境。本章利用 ZSG - DEA 模型对“十二五”期间碳强度减排指标约束下碳排放权的省际分配及其效率改进问题进行研究，并与人际公平原则、溯往原则、支付能力原则下的分配结果及实际排放数据相对比，分析各省份在不同原则下获得的碳排放权及减排压力的变化。结论表明，基于 ZSG - DEA 模型的分配结果相对于人际公平原则、溯往原则、支付能力原则及传统 DEA 模型下的分配结果，更能实现碳排放权的优化配置，且与各省份实际排放最为接近，避免了因减排对各省份产能造成的巨大冲击。但 ZSG - DEA 模型主要基于效率最优视角分配碳排放权，缺乏对公平原则的考量，因此与之相配套的政策措施如生态补偿等必不可少。本章最后比较了行政管制、排放权交易、碳税、清洁发展机制和国家间减排协作计划等减排工具的理论特点及优缺点。

第七章　主要结论与政策建议

本章对全书内容进行总结，提炼出主要研究结论，并在此基础上提出相应的政策建议，指出本书研究内容的不足之处及未来研究展望。

第一节　主要结论

本书运用空间面板数据模型及 ZSG - DEA 模型，对资源禀赋约束下碳强度减排目标的实现机制问题进行研究，主要内容包括省际碳强度的比较及收敛性特征分析、资源禀赋对碳强度的影响及传导机制分析、碳排放权的省际分配等。本书在理论及实证分析的基础上，得到以下结论。

第一，从碳排放的角度看，中国及各省份的碳排放量不断增加，说明现阶段中国经济增长模式具有典型的“高投入、高能耗、高排放”特征和不可持续性，导致能源安全隐患和资源环境压力日益加大，成为制约经济社会发展的重要因素，同时也说明总量（绝对）减排约束指标不适用于中国当前国情，而兼顾减排与经济发展双重考虑的碳强度（相对）减排约束指标是较为合理的选择。沿海经济大省及传统制造业大省的碳排放最多，说明经济总量和产业结构是影响碳排放的主要因素。虽然西部省份碳排放较少，但增长势头强劲，是中国未来碳排放增加的主要贡献者，应采取必要的措施，控制其碳排放过快增长。从碳强度的角度看，中国及各省份的碳强度逐年下降，说明近年来中国实施的调整与升级产业结构和优化能源消费结构等措施取得了一定成效；西部能源富集省份的碳强度较高，而中部、东部省份的碳强度相对较低；省际碳强度不存在绝对β收敛现象，但呈现条件β收敛和“俱乐部”收敛态势。一方面说明省际碳强度不会自发趋同，仅靠市场自发因素难以扭转这种局面，必须依靠宏观政策与市场力量相结合，才能真正实现全国范围内碳强度的下降和收敛；另一方面应针对不同地区的具体情况实施差异化的减排策略。

第二，中国省际碳强度存在较强的空间正相关性和集聚特征，在研究碳强度相关问题时应纳入省际空间关联效应，否则可能导致回归参数有偏且（或）不一致。模型结果显示，人口规模对省际碳强度变化无显著影响，人均收入、产业结构、资源禀赋、政府财政支出、城市化进程促使碳强度上升，能源效率提高促进碳强度下降，市场开放度、外商直接投资、能源消费结构、能源价格对碳强度的影响虽为负，但均不显著。与邻近空间权重矩阵相比，综合空间权重矩阵下的空间相关系数更大，控制变量的显著性和模型拟合优度也更高，说明包含空间地理区位和资源禀赋特征双重效应的综合空间权重矩阵能更加深入全面地描述省际碳强度之间的空间关联效应。

第三，资源禀赋对经济增长具有显著的负效应，说明在中国省级层面存在“资源诅咒”现象，丰富的资源禀赋通过抑制经济增长和促进碳排放，进而导致能源富集地区的碳强度较高，并通过溢出效应对邻近省份和全国范围内的碳强度产生正向促进作用。对资源禀赋影响经济增长的传导机制分析表明，资源禀赋通过促进实物资本投资进而促进经济增长，有利于碳强度下降，但通过对人力资本投资和企业研发投入产生“挤出效应”、阻碍外资流入、强化政府干预和阻碍制造业发展的途径阻碍经济增长，促进碳强度上升。对资源禀赋影响碳能源消费和排放的传导机制分析表明，资源禀赋通过“资源诅咒”效应降低人均收入，进而抑制碳排放增长，有利于碳强度下降，但通过提高煤炭在能源消费结构中所占比重、阻碍产业结构优化升级、降低能源价格、降低市场开放度、阻碍外资流入和降低能源效率的途径推动碳排放上升，促进碳强度上升。

第四，不同减排方案对各省份未来发展权益及区域间差距有重要影响。本书研究表明，基于 ZSG－DEA 模型的省际碳排放权分配结果，相对于人际公平原则、溯往原则、支付能力原则及传统 DEA 模型下的分配结果，更能实现碳排放权的优化配置，且与各省份实际排放最为接近，避免了减排对各省份产能造成的大规模冲击，也不存在减排的负激励效应及对个别省份的“偏爱”。因此，运用 ZSG－DEA 模型对碳排放权进行分配具有较强的可行性，但该模型主要基于效率视角分配碳排放权，缺乏对公平原则的关注，因此与之相配套的政策措施如生态补偿等不可缺少。

第二节　政策建议

基于以上研究结论可以发现，碳强度减排目标的实现，需要各地区依据国家宏观社会经济发展目标及各自的产业结构、资源禀赋特征、技术水平等因素有针对性地制定差异化减排策略，特别是为了避免或克服能源富集地区的“资源诅咒”现象而采取的政策措施，也成为实现碳强度减排目标的重要组成部分。

第一，尽管当前在中国省级层面存在“资源诅咒”现象，但这一现象并不是不可扭转的，“切断”其传导途径是破解“资源诅咒”困境的关键。结合本书对资源禀赋影响碳强度传导机制的分析，破解“资源诅咒”困境的重点在于做好以下四方面的工作：①地方政府要结合本地区的区位条件、资源禀赋特征、技术水平等因素，做好产业发展的中长期规划，避免因追求短期增长绩效而产生投资锁定效应，并充分利用财政、税收、信贷等优惠政策促进以制造业、现代服务业为中心的产业多元化发展和传统产业的优化升级；②合理分配资源红利，加大对教育投资和技术研发的支持力度，为社会积累人力资本和开展科研创新提供合理的激励措施，同时加大人才引进力度，建立公正、公平、高效的人才培养、选拔制度，努力为高素质人才的发展营造良好的环境；③实施简政放权，充分引入市场机制，尤其是理顺能源资源及其产品的价格形成机制，使其真正反映市场供求关系和产品价值，包括资源价值和对生态环境的补偿价值，不仅能使西部地区的资源优势转化为经济优势，有利于缩小区域间差距，而且可以提高节约资源和保护生态环境的积极性，从根本上扭转长期以来对资源“掠夺式”开发导致的经济发展与生态环境保护之间的冲突局面，实现两者的协调发展；④严格控制二氧化碳等污染物排放，加大对煤炭清洁利用技术和碳捕获与封存技术在研发、推广等环节的财政支持力度。

第二，中央政府应充分重视省际经济关联效应，尤其是做好各省份在减排指标分配过程中的统筹与协调工作，针对不同地区实施差异化的减排策略。本书结论表明：省际碳强度存在较强的空间相关性，在碳强度减排目标及全国 GDP 既定的情况下，各省份所“允许”排放的碳总量也是一定的，导致在减排指标分配过程中出现“零和博弈”的困境，由此产生的利益冲突将不可避免，这要求中央政府做好统筹与协调工作。而且，区域碳强度呈现“西高东低”的空间分布格局和“俱乐部”收敛特征，再加上长期以来形成的“东中西梯度发展模式”，决定了针对不同地区应实施差异化的减排策略。西部能源富集地区向东部乃至全国输送大量的能源和重化工产品，却承担了过多的排放责任，明显有失公平，而中部地区发展也相对滞后。因此，应给予中西部地区更多的排放空间以满足其经济社会发展与改善民生的需要。短期内，可对西部地区以强度约束指标为主，对中部地区以人均约束指标为主，而对东部地区以总量约束指标为主。长期内，中国应建立减排指标分配的理论模型及规划实现途径。前者应具备坚实的理论基础，尤其是要符合公平、正义原则；后者应符合经济效率与操作灵活性原则。这不仅需要加强在该领域学术层面的研讨，也要在实践中不断积累经验，还可以借鉴国外的先进经验。

第三，提高能源利用效率。本书研究表明，近年来中国能源利用效率的提高成为碳强度下降的主要推动力，节能与减排具有协同效应，不仅有利于节能减排目标的实现，也有利于维护国家能源安全。但目前中国整体能源效率与发达国家相比依然有较大差距，存在继续提高的潜力。提高能源利用效率，重点应从以下几方面着手：①进一步发挥技术节能的潜力；②进一步完善节能领域的法规制度和执行标准，尤其是细化产品的节能标识并强制推广；③强化节能目标责任制并加大问责力度，将地方政府官员的晋升、考评及企业项目的评审与节能任务的完成情况相挂钩；④完善节能市场化机制，推广合同能源管理。

第四，优化升级产业结构。产业结构作为经济社会发展的主要变量，不仅决定一地区的经济增长方式与产品竞争力，也会对该地区的可持续发展产生深远的影响，产业结构的优化升级对于提高能源利用效率和促进碳强度下降具有重要作用。战略性新兴产业对经济社会全局和长远发展具有重大引领带动作用，而现代服务业与民众生活紧密相关且就业效应显著。因此，应大力发展这两类产业。同时，运用高新技术和先进实用技术改造提升传统产业，延长产品价值链，提高产品的科技含量和附加值。

第五，优化能源消费结构。化石能源的不可再生性及对环境造成的严重污染注定其将来会被淘汰，而新能源如风能、太阳能、生物质能、地热能因具有可再生、环境友好等特性而备受青睐。此外，发展新型能源还可减少对进口油气资源的依赖，对维护国家能源安全具有重要战略意义。很多发达国家都把新能源产业作为新兴战略性产业加以扶持，以抢占未来能源产业乃至国际竞争的制高点。国内新能源产业的发展处于起步阶段，一些技术和产品因成本过高或体制障碍而难以推广普及。政府应充分利用信贷支持和财政补贴等措施进一步加大对新能源企业在技术研发和产品推广等方面的支持力度，为新能源产业的发展营造良好的外部环境，促进其健康快速成长。

第六，建立并完善不同地区在减排领域的市场化合作机制，实现经济发展与节能减排的“双赢”及不同减排主体的“共赢”。省际碳强度呈现不同的空间分布格局和收敛性特征，说明不同地区在资源禀赋、区位优势、技术水平、政策导向与功能定位等方面存在不同，导致经济社会发展的不均衡，但也为不同地区在节能减排领域开展合作提供了契机，有利于弱化碳排放权分配过程中产生的利益冲突。不同地区之间可以开展碳交易或清洁发展机制等形式的市场化合作机制，这不仅有利于降低区域乃至全国的减排成本，也在一定程度上有利于缩小区域差距。中国于 2017 年 12 月建立覆盖全国的统一碳市场，然而，目前中国碳交易市场交易量小，难以形成规模效应，主要原因在于缺乏相应的法律制度对排放权的产权属性做出界定。在这种情况下，企业将参与碳交易机制看作一种自愿的公益活动和树立企业形象的途径。因此，从立法角度强化碳排放权的产权界定及监督、核查机制，并扩大市场容量，是完善并保障碳交易市场机制有效运行的关键。

第三节　不足之处与研究展望

本书基于经济学的视角与方法研究“高碳”资源禀赋约束下碳强度减排目标的实现机制问题。因学科性质、知识结构及篇幅的限制，在以下方面还有待于拓展。

第一，本书虽然研究了省际碳强度的空间相关性及其收敛性特征，但却没有进一步讨论这些现象背后的作用机制。宏观层面如政府环境规制政策的强化、环保投资力度的加大等，微观层面如消费者收入增加会提高其对环境改善的支付意愿和支付能力、企业生产与投资理念的变化等，均对实现碳强度减排目标有重要影响。因此，进一步深化省际碳强度的空间相关性及其收敛性特征背后的机制研究对于未来环境的治理与改善具有重要作用。

第二，本书研究了资源禀赋对碳强度的影响及其传导机制，为研究碳强度提供了新的视角与思路。然而，影响碳强度的因素很多，而且彼此间存在错综复杂的关系，例如全国碳强度受到各省份碳强度的影响，其中各省份碳强度又受到各省份产业结构、能源效率、资源禀赋、技术水平、能源价格等因素的影响，而能源效率又受到技术水平、环境政策、产业结构等因素的影响，所有这些因素最终形成一个复杂、动态、开放的“能源—经济—环境”系统。因此，碳强度不仅是一个指标，还是一个系统，而且进一步来说也只是“能源—经济—环境”系统中的一个子系统。[①] 本书只关注资源禀赋及有限的控制变量对碳强度的影响，而忽略了控制变量间的相互作用，可能导致部分研究结论存在片面性。因此，运用系统科学的理论与方法深入探讨“能源—经济—环境”系统的运行机制及系统内部各变量之间的动态变化关系，从而建立并优化控制系统，保障碳强度减排目标的顺利实现，是笔者未来研究的重点方向。

---

① 王锋：《中国经济低碳转型中实现碳强度目标的政策绩效评估》，经济科学出版社 2013 年版，第 215—216 页。

附录 1　中国及各省份 1998—2016 年碳排放量

附表 1　　**中国及各省份 1998—2016 年碳排放量**　　单位：10^8 吨二氧化碳

省份＼年份	1998	1999	2000	2001	2002	2003	2004	2005	2006	2007	2008	2009	2010	2011	2012	2013	2014	2015	2016
北京	0. 833	0. 921	0. 877	0. 921	0. 921	0. 965	1. 052	1. 052	1. 096	1. 228	1. 316	1. 359	1. 447	1. 403	1. 447	1. 536	1. 599	1. 656	1. 686
天津	0. 745	0. 658	0. 658	0. 614	0. 614	0. 702	0. 702	0. 702	0. 702	0. 877	0. 965	1. 052	1. 228	1. 316	1. 447	1. 544	1. 621	1. 685	1. 74
河北	2. 412	2. 412	2. 456	2. 412	2. 5	2. 587	2. 719	3. 113	3. 64	4. 21	5. 306	5. 701	6. 402	7. 104	7. 499	7. 96	8. 286	8. 58	8. 739
山西	1. 71	1. 798	1. 798	1. 754	1. 754	1. 798	2. 236	2. 587	2. 85	2. 982	2. 938	3. 07	3. 552	3. 903	3. 903	4. 143	4. 313	4. 466	4. 548
内蒙古	0. 833	0. 877	0. 965	0. 877	0. 921	0. 965	1. 052	1. 184	1. 447	2. 105	2. 412	2. 324	2. 982	3. 684	4. 034	4. 282	4. 458	4. 616	4. 701
辽宁	2. 236	2. 105	2. 061	1. 929	2. 017	2. 368	2. 28	2. 236	2. 412	2. 806	2. 938	3. 113	3. 815	3. 99	4. 341	4. 608	4. 797	4. 967	5. 059

续表

省份＼年份	1998	1999	2000	2001	2002	2003	2004	2005	2006	2007	2008	2009	2010	2011	2012	2013	2014	2015	2016
吉林	1.228	1.228	1.184	1.009	1.009	1.009	1.052	1.096	1.228	1.403	1.666	1.798	2.017	2.017	2.061	2.188	2.277	2.358	2.402
黑龙江	1.359	1.272	1.359	1.272	1.272	1.184	1.228	1.272	1.316	1.403	1.447	1.579	1.71	1.71	1.842	1.955	2.035	2.108	2.147
上海	1.052	1.14	1.14	1.228	1.272	1.403	1.447	1.491	1.623	1.842	2.061	2.149	2.368	2.5	2.587	2.746	2.859	2.96	3.015
江苏	2.193	2.149	2.061	2.105	2.105	2.193	2.236	2.412	2.763	3.552	4.385	4.736	5.394	5.701	6.008	6.378	6.639	6.874	7.001
浙江	1.316	1.359	1.403	1.359	1.403	1.491	1.754	1.929	2.193	2.631	3.113	3.026	3.684	3.859	3.947	4.19	4.361	4.516	4.6
安徽	1.184	1.228	1.228	1.228	1.316	1.359	1.403	1.447	1.579	1.535	1.666	1.623	1.929	2.236	2.368	2.514	2.617	2.709	2.76
福建	0.658	0.702	0.702	0.745	0.789	0.833	0.877	1.009	1.14	1.272	1.71	1.666	2.017	2.28	2.456	2.607	2.714	2.81	2.862
江西	0.789	0.702	0.702	0.658	0.614	0.658	0.702	0.702	0.789	1.009	1.096	1.14	1.403	1.447	1.535	1.629	1.696	1.756	1.789
山东	2.236	2.28	2.193	2.456	2.456	2.017	2.456	2.806	3.64	4.254	6.227	6.183	7.104	7.762	8.069	8.566	8.916	9.233	9.403
河南	1.886	1.929	1.886	1.929	1.886	2.017	2.193	2.324	2.631	3.42	4.122	4.254	5.043	5.394	5.657	6.005	6.251	6.473	6.592
湖北	1.71	1.842	1.842	1.842	1.798	1.929	1.886	2.017	2.28	2.631	2.894	3.157	3.684	3.64	3.771	4.003	4.167	4.315	4.395
湖南	1.623	1.623	1.403	1.447	1.184	1.14	1.316	1.491	1.579	1.973	2.412	2.587	2.982	3.07	3.113	3.305	3.44	3.562	3.628
广东	1.929	1.973	1.973	2.105	2.149	2.412	2.587	2.894	3.333	3.859	4.604	4.911	5.788	5.964	6.095	6.47	6.735	6.974	7.103

续表

省份＼年份	1998	1999	2000	2001	2002	2003	2004	2005	2006	2007	2008	2009	2010	2011	2012	2013	2014	2015	2016
广西	0. 921	0. 877	0. 921	0. 833	0. 833	0. 877	0. 921	0. 921	1. 009	1. 272	1. 447	1. 535	1. 929	1. 929	2. 061	2. 188	2. 277	2. 358	2. 402
海南	0. 088	0. 088	0. 088	0. 088	0. 088	0. 132	0. 132	0. 132	0. 175	0. 263	0. 175	0. 219	0. 219	0. 307	0. 307	0. 326	0. 339	0. 351	0. 358
四川	2. 587	2. 719	2. 719	2. 806	2. 763	2. 938	2. 587	2. 894	3. 377	3. 99	4. 21	4. 517	5. 131	5. 657	5. 964	6. 331	6. 59	6. 824	6. 95
贵州	0. 965	1. 052	1. 096	1. 184	1. 096	1. 228	1. 316	1. 316	1. 579	1. 798	1. 886	1. 929	2. 061	1. 929	2. 061	2. 188	2. 277	2. 358	2. 402
重庆	0. 921	1. 009	0. 965	1. 14	1. 052	1. 184	1. 272	1. 228	1. 535	1. 71	1. 842	1. 886	1. 973	1. 886	2. 017	2. 141	2. 229	2. 308	2. 351
云南	0. 965	1. 052	1. 052	1. 009	1. 009	1. 009	1. 052	1. 228	1. 447	1. 052	2. 149	2. 193	2. 587	2. 719	2. 806	2. 979	3. 101	3. 211	3. 27
陕西	0. 921	1. 009	0. 877	0. 877	0. 789	0. 745	0. 877	0. 965	0. 965	1. 228	1. 447	1. 403	1. 579	1. 929	2. 149	2. 281	2. 375	2. 459	2. 504
甘肃	0. 789	0. 789	0. 702	0. 702	0. 789	0. 745	0. 789	0. 833	0. 921	1. 009	1. 096	1. 052	1. 228	1. 403	1. 403	1. 489	1. 55	1. 605	1. 635
青海	0. 219	0. 219	0. 219	0. 219	0. 307	0. 263	0. 263	0. 263	0. 307	0. 395	0. 482	0. 439	0. 526	0. 614	0. 658	0. 698	0. 727	0. 753	0. 767
宁夏	0. 219	0. 219	0. 263	0. 307	0. 307	0. 526	0. 57	0. 658	0. 745	0. 877	0. 658	0. 702	0. 789	0. 921	0. 921	0. 978	1. 018	1. 054	1. 073
新疆	0. 745	0. 833	0. 789	0. 789	0. 789	0. 789	0. 833	0. 833	0. 921	1. 009	1. 096	1. 184	1. 316	1. 535	1. 798	1. 909	1. 987	2. 057	2. 095
全国	37. 27	38. 06	37. 58	37. 84	37. 80	39. 47	41. 79	45. 04	51. 22	59. 59	69. 77	72. 49	83. 89	89. 81	94. 32	100. 13	104. 23	107. 93	109. 92

附录 2　中国及各省份 1998—2016 年碳强度

附表 2　　**中国及各省份 1998—2016 年碳强度**　　单位：吨二氧化碳/万元

年份 省份	1998	1999	2000	2001	2002	2003	2004	2005	2006	2007	2008	2009	2010	2011	2012	2013	2014	2015	2016
北京	4. 142	4. 235	3. 538	2. 482	2. 127	1. 920	1. 737	1. 528	1. 395	1. 313	1. 184	1. 119	1. 025	0. 863	0. 809	0. 788	0. 750	0. 721	0. 657
天津	5. 578	4. 536	4. 012	3. 199	2. 854	2. 722	2. 255	1. 897	1. 615	1. 737	1. 436	1. 399	1. 331	1. 163	1. 122	1. 074	1. 031	1. 019	0. 973
河北	5. 667	5. 278	4. 826	4. 372	4. 153	3. 738	3. 207	3. 084	3. 161	3. 071	3. 314	3. 308	3. 139	2. 898	2. 822	2. 813	2. 816	2. 879	2. 725
山西	11. 508	11. 932	10. 937	8. 643	7. 545	6. 297	6. 262	6. 190	6. 045	5. 201	4. 016	4. 172	3. 860	3. 473	3. 222	3. 288	3. 380	3. 488	3. 485
内蒙古	6. 988	6. 916	6. 886	5. 117	4. 745	4. 039	3. 461	3. 039	2. 989	3. 456	2. 839	2. 386	2. 555	2. 565	2. 540	2. 544	2. 509	2. 560	2. 593
辽宁	5. 761	5. 046	4. 414	3. 834	3. 696	3. 945	3. 418	2. 792	2. 618	2. 546	2. 149	2. 047	2. 067	1. 795	1. 747	1. 702	1. 676	1. 728	2. 274

续表

省份\年份	1998	1999	2000	2001	2002	2003	2004	2005	2006	2007
吉林	7.882	7.393	6.501	4.757	4.295	3.789	3.371	3.028	2.872	2.655
黑龙江	4.857	4.389	4.179	3.751	3.496	2.918	2.585	2.307	2.121	1.986
上海	2.854	2.826	2.505	2.357	2.215	2.096	1.793	1.629	1.565	1.511
江苏	3.045	2.791	2.401	2.226	1.984	1.762	1.491	1.318	1.276	1.380
浙江	2.638	2.534	2.325	1.971	1.753	1.536	1.506	1.436	1.393	1.401
安徽	4.220	4.221	4.041	3.782	3.738	3.465	2.948	2.692	2.575	2.084
福建	2.001	1.976	1.790	1.830	1.767	1.672	1.522	1.535	1.503	1.375
江西	4.262	3.785	3.503	3.023	2.505	2.343	2.030	1.730	1.690	1.834
山东	3.123	2.976	2.567	2.671	2.390	1.670	1.635	1.516	1.649	1.638
河南	4.328	4.216	3.670	3.487	3.124	2.937	2.563	2.195	2.128	2.278
湖北	4.617	4.774	4.307	4.746	4.268	4.056	3.347	3.094	3.008	2.850
湖南	5.204	4.877	3.801	3.776	2.852	2.447	2.332	2.290	2.102	2.145
广东	2.436	2.331	2.042	1.748	1.591	1.522	1.371	1.294	1.274	1.241

省份\年份	2008	2009	2010	2011	2012	2013	2014	2015	2016
吉林	2.593	2.470	2.327	1.909	1.726	1.685	1.650	1.651	1.626
黑龙江	1.740	1.838	1.649	1.359	1.345	1.321	1.353	1.398	1.395
上海	1.465	1.428	1.379	1.302	1.282	1.271	1.213	1.186	1.070
江苏	1.415	1.374	1.302	1.161	1.111	1.078	1.020	0.980	0.905
浙江	1.451	1.316	1.329	1.194	1.138	1.115	1.086	1.053	0.974
安徽	1.883	1.612	1.561	1.462	1.376	1.320	1.255	1.231	1.131
福建	1.580	1.362	1.369	1.299	1.246	1.198	1.128	1.082	0.993
江西	1.573	1.489	1.485	1.237	1.185	1.136	1.080	1.050	0.967
山东	2.013	1.824	1.814	1.711	1.613	1.566	1.500	1.466	1.382
河南	2.288	2.184	2.184	2.003	1.911	1.867	1.789	1.749	1.629
湖北	2.555	2.436	2.307	1.854	1.695	1.623	1.523	1.460	1.345
湖南	2.087	1.981	1.859	1.561	1.405	1.349	1.272	1.226	1.150
广东	1.251	1.244	1.258	1.121	1.068	1.041	0.993	0.958	0.878

续表

省份＼年份	1998	1999	2000	2001	2002	2003	2004	2005	2006	2007	2008	2009	2010	2011	2012	2013	2014	2015	2016
广西	4. 839	4. 490	4. 492	3. 655	3. 301	3. 109	2. 682	2. 259	2. 089	2. 135	2. 061	1. 978	2. 016	1. 646	1. 581	1. 522	1. 453	1. 403	1. 311
海南	1. 998	1. 861	1. 692	1. 571	1. 410	1. 898	1. 647	1. 471	1. 700	2. 151	1. 167	1. 325	1. 062	1. 217	1. 075	1. 036	0. 968	0. 948	0. 883
四川	7. 226	7. 325	6. 780	6. 537	5. 847	5. 509	4. 055	3. 919	3. 909	3. 799	3. 341	3. 192	2. 985	2. 690	2. 498	2. 411	2. 309	2. 267	2. 110
贵州	11. 459	11. 542	11. 034	10. 448	8. 817	8. 608	7. 841	6. 647	6. 952	6. 557	5. 294	4. 931	4. 478	3. 384	3. 008	2. 733	2. 461	2. 245	2. 040
重庆	6. 443	6. 816	6. 070	6. 457	5. 289	5. 209	4. 723	3. 999	4. 446	4. 148	3. 179	2. 888	2. 490	1. 883	1. 768	1. 692	1. 563	1. 468	1. 325
云南	5. 378	5. 671	5. 383	4. 717	4. 361	3. 946	3. 415	3. 535	3. 635	2. 220	3. 775	3. 554	3. 581	3. 057	2. 722	2. 542	2. 420	2. 341	2. 211
陕西	6. 666	6. 780	5. 280	4. 362	3. 503	2. 881	2. 762	2. 625	2. 134	2. 246	1. 978	1. 718	1. 559	1. 542	1. 487	1. 422	1. 343	1. 353	1. 291
甘肃	9. 075	8. 469	7. 135	6. 235	6. 407	5. 325	4. 675	4. 308	4. 045	3. 732	3. 462	3. 107	2. 980	2. 795	2. 484	2. 363	2. 268	2. 364	2. 271
青海	9. 959	9. 197	8. 318	7. 305	9. 011	6. 743	5. 645	4. 843	4. 800	5. 036	4. 735	4. 056	3. 897	3. 675	3. 474	3. 322	3. 159	3. 115	2. 982
宁夏	9. 639	9. 079	9. 907	9. 097	8. 139	11. 816	10. 613	10. 853	10. 488	9. 863	5. 464	5. 184	4. 672	4. 381	3. 933	3. 762	3. 699	3. 620	3. 387
新疆	6. 676	7. 130	5. 785	5. 292	4. 895	4. 184	3. 772	3. 199	3. 024	2. 863	2. 621	2. 768	2. 419	2. 322	2. 396	2. 243	2. 145	2. 188	2. 171
全国	4. 523	4. 353	3. 871	3. 491	3. 139	2. 838	2. 497	2. 280	2. 225	2. 165	2. 096	1. 987	1. 922	1. 724	1. 638	1. 590	1. 525	1. 494	1. 411

参考文献

一 中文文献

安崇义、唐跃军：《排放权交易机制下企业碳减排的决策模型研究》,《经济研究》2012 年第 8 期。

鲍健强、苗阳、陈锋：《低碳经济：人类经济发展方式的新变革》,《中国工业经济》2008 年第 4 期。

毕克新、杨朝均：《FDI 溢出效应对我国工业碳排放强度的影响》,《经济管理》2012 年第 8 期。

蔡荣生、刘传扬：《碳排放强度差异与能源禀赋的关系——基于中国省际面板数据的实证分析》,《烟台大学学报》（哲学社会科学版）2013 年第 1 期。

陈文颖、吴宗鑫、何建坤：《全球未来碳排放权“两个趋同”的分配方法》,《清华大学学报》（自然科学版）2005 年第 6 期。

陈诗一：《边际减排成本与中国环境税改革》,《中国社会科学》2011 年第 3 期。

陈诗一：《中国的绿色工业革命：基于环境全要素生产率视角的解释（1980—2008）》,《经济研究》2010 年第 11 期。

陈诗一：《中国碳排放强度的波动下降模式及经济解释》,《世界经济》2011 年第 4 期。

陈诗一：《节能减排、结构调整与工业发展方式转变研究》，北京大学出版社 2011 年版。

陈耀、陈钰：《资源禀赋、区位条件与区域经济发展》,《经济管理》2012 年第 2 期。

陈继勇、彭巍、胡艺：《中国碳强度的影响因素——基于各省市面板数据的实证研究》，《经济管理》2011 年第 5 期。
樊纲：《走向低碳发展：中国与世界》，中国经济出版社 2010 年版。
樊纲、苏铭、曹静：《最终消费与碳减排责任的经济学分析》，《经济研究》2010 年第 1 期。
方颖、纪衎、赵扬：《中国是否存在"资源诅咒"?》，《世界经济》2011 年第 4 期。
范钰婷、李明忠：《低碳经济与我国发展模式的转型》，《上海经济研究》2010 年第 2 期。
国务院发展研究中心课题组：《全球温室气体减排：理论框架和解决方案》，《经济研究》2009 年第 3 期。
国务院发展研究中心课题组：《二氧化碳国别排放账户：应对气候变化和实现绿色增长的治理框架》，《经济研究》2011 年第 12 期。
何江、张馨之：《中国区域经济增长及其收敛性：空间面板数据分析》，《南方经济》2006 年第 5 期。
胡援成、肖德勇：《经济发展门槛与自然资源诅咒——基于我国省际层面的面板数据实证研究》，《管理世界》2007 年第 4 期。
隗斌贤、揭筱纹：《基于国际碳交易经验的长三角区域碳交易市场构建思路与对策》，《管理世界》2012 年第 2 期。
李开盛：《论全球温室气体减排责任的公正分担——基于罗尔斯正义论的视角》，《世界经济与政治》2012 年第 3 期。
陆铭、冯皓：《集聚与减排：城市规模差距影响工业污染强度的经验研究》，《世界经济》2014 年第 7 期。
林坦、宁俊飞：《基于零和 DEA 模型的欧盟国家碳排放权分配效率研究》，《数量经济技术经济研究》2011 年第 3 期。
刘培林：《全球气候治理政策工具的比较分析——基于国别间关系的考察角度》，《世界经济与政治》2011 年第 5 期。
刘华军、闫庆悦、孙曰瑶：《碳排放强度降低的品牌经济机制研究——基于企业和消费者微观视角的分析》,《财贸经济》2011年第2期。
李江龙、徐斌:《“诅咒”还是“福音”:资源丰裕程度如何影响中国绿色经济增长?》,《经济研究》2018年第9期。
李天籽:《自然资源丰裕度对中国地区经济增长的影响及其传导机制研究》,《经济科学》2007年第6期。
林伯强、黄光晓:《梯度发展模式下中国区域碳排放的演化趋势——基于空间分析的视角》,《金融研究》2011年第12期。
林伯强等:《资源税改革:以煤炭为例的资源经济学分析》,《中国社会科学》2012年第2期。
林伯强、杜克锐:《理解中国能源强度的变化:一个综合的分解框架》,《世界经济》2014年第4期。
苗壮、周鹏、李向民:《我国“十二·五”时期省级碳强度约束指标的效率分配——基于ZSG环境生产技术的研究》,《经济管理》2012年第9期。
潘家华:《人文发展分析的概念构架与经验数据——以对碳排放空间的需求为例》,《中国社会科学》2002年第6期。
潘家华等:《低碳经济的概念辨识及核心要素分析》,《国际经济评论》2010年第4期。
潘文卿:《中国的区域关联与经济增长的空间溢出效应》,《经济研究》2012年第1期。
彭爽、张晓东:《“资源诅咒”传导机制:腐败与地方政府治理》,《经济评论》2015年第5期。
石敏俊、周晟吕:《低碳技术发展对中国实现减排目标的作用》,《管理评论》2010年第6期。
孙传旺、刘希颖、林静:《碳强度约束下中国全要素生产率测算与收敛性研究》,《金融研究》2010年第6期。
邵帅、齐中英:《西部地区的能源开发与经济增长——基于“资源诅咒”假说的实证分析》,《经济研究》2008年第4期。

邵帅、杨莉莉:《自然资源丰裕、资源产业依赖与中国区域经济增长》,《管理世界》2010 年第 9 期。

邵帅、范美婷、杨莉莉:《资源产业依赖如何影响经济发展效率?——有条件资源诅咒假说的检验及解释》,《管理世界》2013 年第 2 期。

孙欣、张可蒙:《中国碳排放强度影响因素实证分析》,《统计研究》2014 年第 2 期。

孙耀华、仲伟周:《国际温室气体减排方案及其公平性研究——基于罗尔斯正义论的视角》,《资源科学》2013 年第 7 期。

孙耀华、仲伟周、庆东瑞:《基于 Theil 指数的中国省际间碳排放强度差异分析》,《财贸研究》2012 年第 3 期。

孙作人、周德群、周鹏:《工业碳排放驱动因素研究:一种生产分解分析新方法》,《数量经济技术经济研究》2012 年第 5 期。

陶长琪:《计量经济学教程》,复旦大学出版社 2012 年版。

魏楚、杜立民、沈满洪:《中国能否实现节能减排目标:基于 DEA 方法的评价与模拟》,《世界经济》2010 年第 3 期。

魏楚:《中国城市 CO_2 边际减排成本及其影响因素》,《世界经济》2014 年第 7 期。

魏国学、陶然、陆曦:《资源诅咒与中国元素:源自 135 个发展中国家的证据》,《世界经济》2010 年第 12 期。

万建香、汪寿阳:《社会资本与技术创新能否打破“资源诅咒”?——基于面板门槛效应的研究》,《经济研究》2016 年第 12 期。

王班班、齐绍洲:《有偏技术进步、要素替代与中国工业能源强度》,《经济研究》2014 年第 2 期。

王必达、王春晖:《“资源诅咒”:制度视域的解析》,《复旦学报》(社会科学版)2009 年第 5 期。

王嘉懿、崔娜娜:《“资源诅咒”效应及传导机制研究——以中国中部 36 个资源型城市为例》,《北京大学学报》(自然科学版)

2018 年第 6 期。
王学斌、朱永刚、赵学刚：《资源是诅咒还是福音？——基于中国省级面板数据的实证研究》，《世界经济文汇》2011 年第 6 期。
王锋、冯根福：《中国经济低碳发展的影响因素及其对碳减排的作用》，《中国经济问题》2011 年第 3 期。
王锋、冯根福：《优化能源结构对实现中国碳强度目标的贡献潜力评估》，《中国工业经济》2011 年第 4 期。
王锋：《中国经济低碳转型中实现碳强度目标的政策绩效评估》，经济科学出版社 2013 年版。
王锋、冯根福、吴丽华：《中国经济增长中碳强度下降的省份贡献分解》，《经济研究》2013 年第 8 期。
吴利学：《中国能源效率波动：理论解释、数值模拟及政策含义》，《经济研究》2009 年第 5 期。
许广月：《碳强度俱乐部收敛性：理论与证据——兼论中国碳强度降低目标的合理性和可行性》，《管理评论》2013 年第 4 期。
徐康宁、王剑：《自然资源丰裕程度与经济发展水平关系的研究》，《经济研究》2006 年第 1 期。
姚昕、刘希颖：《基于增长视角的中国最优碳税研究》，《经济研究》2010 年第 11 期。
杨莉莉、邵帅、曹建华：《资源产业依赖对中国省域经济增长的影响及其传导机制研究——基于空间面板模型的实证考察》，《财经研究》2014 年第 3 期。
袁建国、后青松、程晨：《企业政治资源的诅咒效应——基于政治关联与企业技术创新的考察》，《管理世界》2015 年第 1 期。
岳超等：《1995—2007 年我国省份碳排放及碳强度的分析——碳排放与社会发展Ⅲ》，《北京大学学报》（自然科学版）2010 年第 4 期。
杨骞、刘华军：《中国二氧化碳排放的区域差异分解及影响因素——基于 1995—2009 年省际面板数据的研究》，《数量经济技术经济研究》2012 年第 5 期。

姚奕:《外商直接投资对中国碳强度的影响研究》，博士学位论文，南京航空航天大学，2012 年。

张复明、景普秋:《资源型经济的形成：自强机制与个案研究》，《中国社会科学》2008 年第 5 期。

张克中、王娟、崔小勇:《财政分权与环境污染：碳排放的视角》，《中国工业经济》2011 年第 10 期。

张少华、陈浪南:《经济全球化对我国能源利用效率影响的实证研究——基于中国行业面板数据》，《经济科学》2009 年第 1 期。

张欣怡:《财政分权与环境污染的文献综述》，《经济社会体制比较》2013 年第 6 期。

张翠菊、张宗益:《能源禀赋与技术进步对中国碳排放强度的空间效应》，《中国人口·资源与环境》2015 年第 9 期。

张友国:《经济发展方式变化对中国碳排放强度的影响》，《经济研究》2010 年第 4 期。

庄贵阳、潘家华、朱守先:《低碳经济的内涵及综合评价指标体系构建》，《经济学动态》2011 年第 1 期。

庄贵阳:《中国经济低碳发展的途径与潜力分析》，《国际技术经济研究》2005 年第 8 期。

中国科学院可持续发展战略研究组:《中国可持续发展战略报告 2009——探索中国特色的低碳道路》，科学出版社 2009 年版。

周黎安:《中国地方官员的晋升锦标赛模式研究》，《经济研究》2007 年第 7 期。

二　英文文献

Anselin, L., *Spatial Econometrics: Methods and Models*, Berlin: Springer, 1988.

Anselin, L., Bera, A. K., "Spatial Dependence in Linear Regression Models with an Introduction to Spatial Econometrics", *Statistics Textbooks and Monographs*, 1998 (155).

Arbia, G. , Piras, G. , "Convergence in Per - Capita GDP across European Regions Using Panel Data Models Extended to Spatial Autocorrelation Effects", *Institute for Studies and Economic Analyses Working Paper*, 2005 (51) .

Ayres, R. U. , "Sustainability Economics: Where do We Stand?", *Ecological Economics*, 2008, 67 (2) .

Bravo - Ortega, C. , De Gregorio, J. , "The Relative Richness of the Poor? Natural Resources, Human Capital, and Economic Growth", *World Bank Policy Research Working Paper*, 2005 (3484) .

Brian R. Copeland and M. Scott Taylor, "North - South Trade and the Environment", *Quarterly Journal of Economics*, 1994, 109.

Boschini, A. , Pettersson, J. , Roine, J. , "The Resource Curse and Its Potential Reversal", *World Development*, 2013, 43.

Coase, R. H. , "The Problem of Social Cost", *Journal of Law and Economics*, 1960, 3 (1) .

Cooper, R. N. , "The Case for Charges on Greenhouse Gas Emissions", The Harvard Project on Climate Agreements Discussion Paper Series: Discussion Paper 08 - 10, 2008.

Cuasch, U. , Wuebbles, D. , Chen, D. , et al. , "Climate Change 2013: The Physical Science Basis. Contribution of Working Group Ⅰ to the Fifth Assessment Report of the Intergovernmental Panel on Climate Change", *Computational Geometry*, 2013, 18 (2) .

Godal, O. , Holtsmark, B. , "Greenhouse Gas Taxation and the Distribution of Costs and Benefits: The Case of Norway", *Energy Policy*, 2001, 29 (8) .

Gomes, E. G. , Lins, M. P. E. , "Modelling Undesirable Outputs with Zero Sum Gains Data Envelopment Analysis Models", *Journal of the Operational Research Society*, 2008, 59 (5) .

Gylfason, Thorvaldur, "Nature, Power and Growth", *Scottish Journal of*

Political Economy, 2001, 48 (5).

Habakkuk, H. J., *American and British Technology in the Nineteenth Century: The Search for Labour – Saving Inventions*, Cambridge: Cambridge University Press, 1962.

Jotzo, F., Pezzey, J. C. V., "Optimal Intensity Targets for Greenhouse Gas Emissions Trading under Uncertainty", *Environmental and Resource Economics*, 2007, 38 (2).

Justin Yifu Lin, Fang Cai, Zhoi Li, *The China Miracle: Development Strategy and Economic Reform*, Hong Kong: The Chinese University Press of Hong Kong (revised edition), 2003.

Leite, C. A., Weidmann, J., "Does Mother Nature Corrupt? Natural Resources, Corruption, and Economic Growth", *IMF Working Papers*, 1999 (99/85).

Lee, L. F., Liu, X., Lin, X., "Specification and Estimation of Social Interaction Models with Network Structures", *The Econometrics Journal*, 2010, 13 (2).

Lins, M. P. E., Gomes, E. G., João Carlos, C. B., Soares de Mello, et al., "Olympic Ranking Based on a Zero Sum Gains DEA Model", *European Journal of Operational Research*, 2003, 148 (2).

Meyer, A. "Briefing: Contraction and Convergence", *Proceedings of the ICE – Engineering Sustainability*, 2004, 157 (4).

Michaels, G., "The Long Term Consequences of Resource – Based Specialisation", *Economic Journal*, 2011, 121 (551).

Nicholas Stern, *The Stern Review on the Economics of Climate Change*, 2006.

Papyrakis, E., Gerlagh, R., "The Resource Curse Hypothesis and Its Transmission Channels", *Journal of Comparative Economics*, 2004, 32.

Papyrakis, E., Gerlagh, R., "Resource Abundance and Economic

Growth in the United States", *European Economic Review*, 2007, 51 (4).

Pacala, S., Socolow, R., "Stabilization Wedges: Solving the Climate Problem for the Next 50 Years with Current Technologies", *Science*, 2004, 305 (5686).

Pigou, A. C., *The Economics of Welfare*, London: Macmillan, 1920.

Pace, R. K., Barry, R., "Quick Computation of Spatial Autoregressive Estimators", *Geographical Analysis*, 1997, 29 (3).

Richard M. Auty, *Sustaining Development in Mineral Economies: The Resource Curse Thesis*, London and New York, Routledge, 1993.

Sachs, J. D., Warner, A. M., "Natural Resource Abundance and Economic Growth", *NBER Working Papers*, 1995.

Sala – i – Martin, X., Subramanian, A., "Addressing the Natural Resource Curse: An Illustration from Nigeria", *NBER Working Papers*, No. 9804, 2003, https://www.nber.org/papers/w9804.

Stijns, J. P. C., "Natural Resource Abundance and Economic Growth Revisited", *Resources Policy*, 2005, 30 (2).

Stern, D. I., Jotzo, F., "How ambitious Are China and India's Emissions Intensity Targets?", *Energy Policy*, 2010, 38 (11).

Tobler, W. R., "A Computer Movie Simulating Urban Growth in the Detroit Region", *Economic Geography*, 1970, 46 (2).